I0068376

N° 18

NOTE

SUR LA

CONSTRUCTION DES PONTS MÉTALLIQUES

A POUTRES DROITES

EN ALLEMAGNE, EN HOLLANDE, EN AUTRICHE ET EN SUISSE

Par M. BRICKA, Ingénieur en chef des Ponts et Chaussées.

Une mission dont nous avons été chargé pour l'étude des voies entièrement métalliques nous a obligé à parcourir une partie de l'Allemagne, de la Hollande, de l'Autriche et de la Suisse. Nous avons eu, dans ces voyages, occasion de constater une différence très marquée entre les principes qui président à la construction des tabliers métalliques dans les contrées que nous venons de citer et ceux qui sont admis en France. L'examen des ouvrages que nous avons rencontrés, complété par l'étude des documents que nous avons pu nous procurer, nous a permis de réunir, au sujet d'un certain nombre de ponts construits depuis quinze ans dans l'Europe centrale, un ensemble de renseignements qu'il nous paraît utile de porter à la connaissance des ingénieurs.

Ann. des P. et Ch. MÉMOIRES. 6e sér., 7e ann., 3e cah. — TOME XIII.   19

CHAPITRE 1ᵉʳ.

ALLEMAGNE (*).

Principes généraux de construction.

La prédominance, souvent signalée, des idées théoriques dans les ouvrages construits en Allemagne est la principale cause des différences qui existent entre les ouvrages allemands et les nôtres. En même temps qu'elle a inspiré aux ingénieurs, dans certains cas, une prudence qui serait taxée d'excessive en France, elle les a conduits, dans d'autres cas, à une hardiesse qui ne nous parait pas moins exagérée. Ainsi, les pièces qui, d'après les indications du calcul, devraient subir alternativement des efforts de traction et de compression, sont proscrites, ou, si elles sont admises, sont construites avec une extrême solidité; les poutres à travées solidaires ne sont employées qu'exceptionnellement, tant pour éviter le renversement des efforts qui y est inévitable que par crainte des effets très graves que peut entraîner une dénivellation même peu importante des piles (**). D'un autre côté, la limite du travail des fers est presque toujours supérieure à 7 et souvent à 8 kilogrammes, et les éléments de la construction sont réduits aux pièces que le calcul montre nécessaires; les barres qui travaillent à la traction sont presque toujours formées de fers plats, de manière à ce qu'il ne

---

(*) Les renseignements dont nous nous sommes servis sont extraits, pour la plus grande partie, de l'ouvrage de Heinzerling (les Ponts actuels) des trois dernières années du journal de Berlin, *Zeitschrift für Bauwesen*, du journal de Munich, *Zeitschrift für Baukunde*, enfin de l'ouvrage, déjà ancien, de Laissle et Schübler.

(**) Il convient d'ajouter à ce sujet que, à en juger par l'aspect des ouvrages en maçonnerie, l'infrastructure des ponts ne parait pas être, de la part des ingénieurs, l'objet de soins aussi grands qu'en France.

puisse s'y développer accidentellement des efforts de compression. Enfin il nous paraît y avoir une tendance de plus en plus marquée à réduire au minimum le nombre des pièces.

Les ingénieurs allemands n'ont pas jusqu'ici poussé l'obéissance aux idées théoriques jusqu'à la réunion des pièces au moyen d'articulations; nous aurons toutefois occasion de citer plus loin un ouvrage tout récent construit en Bavière d'après ce système. Les contreventements, qui sont toujours calculés comme toutes les autres pièces, sont en général très légers; cela paraît avoir peu d'inconvénients, étant donné la rigidité propre qu'ont presque toujours les poutres, formées chacune d'une double paroi.

Forme des poutres.

Les poutres du système Pauli, qui ont été souvent citées comme exemples d'ouvrages construits en Allemagne, sont aujourd'hui complètement abandonnées; elles présentent, entre autres inconvénients, une tendance à la déformation qui fatigue beaucoup les assemblages et une complication de formes qui rend le montage coûteux et difficile.

Les ponts plus récents du système adopté à Hambourg et à Harbourg (1872) et qui sont formés de deux arcs dont la concavité est tournée en sens contraire, reliés entre eux par des verticales, paraissent également être restés sans imitateurs.

Les poutres en forme de solide d'égale résistance, avec semelle inférieure droite reliée à une semelle supérieure parabolique au moyen de montants verticaux et de diagonales sont également presque abandonnées; on leur reproche leur tendance à la déformation et le renversement des efforts qui se produit dans les diagonales de chaque panneau selon la position de la charge mobile ; ce renversement oblige soit à faire travailler alternativement chaque diagonale à la compression et à l'extension, soit à la doubler de manière à obtenir une poutre avec verticales et croix de St-André ; dans ce dernier cas, le renversement des efforts est évité dans les diagonales, mais le travail du métal varie dans chacune d'elles, à chaque passage de train, depuis 0 jusqu'au maximum admis.

Aux poutres à semelle supérieure parabolique on a substitué en général, depuis environ vingt ans, les poutres à semelle supérieure hyperbolique avec montants verticaux et diagonales, du système Schwedler. Ces poutres, sur la forme théorique desquelles nous donnons à la fin de ce rapport des détails plus complets (*), ont, comme les précédentes, une semelle inférieure horizontale ; la semelle supérieure est également horizontale dans les deux ou trois panneaux (**) du milieu, et se continue de chaque côté suivant un polygone inscrit dans un arc d'hyperbole. Les diagonales ne sont croisées que dans les panneaux du milieu ; dans les autres elles sont simples (***) et ne sont jamais soumises qu'à des efforts d'extension, tandis que les verticales subissent toujours des efforts de compression.

Les poutres Schwedler sont très répandues en Allemagne, notamment pour les ouvertures moyennes de 20 à 60 mètres. Le travail des fers y est certainement réparti d'une manière satisfaisante, mais les inflexions brusques de la semelle supérieure, au droit des montants verticaux, constituent une difficulté sérieuse de fabrication et créent des points faibles par suite de la courbure des fers ; la

---

(*) Voir note A, page 332.

(**) Nous appelons *panneau* l'espace compris entre deux montants verticaux consécutifs.

(***) Voir *fig.* 1 et 2, pl. 8.

difficulté des assemblages aux extrémités devient, en outre, considérable pour les grandes portées. Ces inconvénients ont conduit à supprimer les triangles qui forment les panneaux extrêmes et à donner aux semelles une courbure moins prononcée.

Les poutres à semelles supérieures polygonales coupées carrément à leurs extrémités sont très employées pour les grandes ouvertures ; elles sont, dans leur ensemble, analogues à celles qui sont usitées en Hollande et qui ont été décrites par M. l'inspecteur général Croizette-Desnoyers (ponts de Mördyck, de Kuilenbourg, etc.). Ces poutres offrent l'avantage de se prêter à la diminution de poids des semelles par suite de l'augmentation de leur distance vers le milieu de la poutre ; la longueur des verticales et des diagonales au droit des appuis, où leurs dimensions sont les plus fortes, est au contraire beaucoup moindre que dans les poutres à semelles parallèles. La courbe dans laquelle est inscrite la semelle supérieure est une parabole du deuxième ou du troisième degré, une ellipse ou un cercle ; sa flèche, au milieu, est calculée d'après le rapport de la hauteur maximum de la poutre à son ouverture, rapport qui varie généralement entre un sixième et un septième ; les ordonnées des extrémités sont déterminées le plus souvent par la hauteur du gabarit des wagons, de manière à permettre de prolonger le contreventement supérieur jusque sur les piles ou les culées.

Les semelles des poutres que nous venons de décrire sont, en général, comme dans le système Schwedler, réunies au moyen de verticales rigides et de diagonales flexibles et formées de fers plats. Ce système est dit du premier, du second ou du troisième ordre, selon que chaque diagonale traverse un, deux ou trois panneaux (*); dans le voisinage du milieu, où les diagonales sont croisées,

---

(*) Voir pl. 15, *fig.* 3, 4 et 5.

elles forment des croix de St-André dans le premier
ordre, et un véritable treillis dans le second et troisième
ordre.

Lorsque, dans les ponts dont une des semelles est
droite, la semelle courbe, au lieu d'être placée à la partie
supérieure, est placée à la partie inférieure, les poutres
sont dites à *ventre de poisson*. Celles-ci sont beaucoup
moins répandues que les précédentes, sans doute parce
qu'elles exigent une hauteur disponible sous rails que l'on
ne rencontre que rarement et que leur montage présente
des difficultés ; néanmoins, nous aurons plus loin occasion
d'en citer des exemples récents.

Les poutres à tirants et verticales, mais à semelle
supérieure droite et parallèle à la semelle inférieure, sont
aussi d'un emploi très fréquent ; elles sont du premier
ordre pour les ouvertures inférieures à 40 ou 50 mètres et
du second ordre pour les ouvertures plus grandes ; autant
que nous pouvons en juger par les exemples que nous
connaissons, elles se substituent aujourd'hui, pour les
ouvertures moyennes, aux poutres Schwedler dans lesquelles l'économie du métal ne compense pas, à notre
avis, la complication des assemblages de la semelle supérieure ; toutefois, le panneau extrême est souvent coupé
en forme de triangle.

La spécialisation des pièces en vue de la résistance
soit à la traction, soit à la compression, se retrouve dans
les poutres à treillis où les barres sont rigides ou formées
des fers plats, selon le sens dans lequel elles sont placées ;
l'emploi des treillis est d'ailleurs fort rare en Allemagne.

A en juger par quelques ouvrages récents, il y aurait
actuellement chez les ingénieurs allemands une tendance
à simplifier encore les pièces constitutives des poutres
en renonçant à spécialiser leur résistance dans le sens
de la traction ou de la compression. Dans plusieurs
ouvrages que nous décrirons plus loin (viaducs du Salm

et du Lieser, ponts sur le port de Humboldt et pont sur la Sprée au parc Bellevue), les semelles sont réunies entre elles par une triangulation du système simple, c'est-à-dire formée de barres inclinées alternativement à droite et à gauche sans se croiser ; les deux premiers de ces ouvrages ont leur semelle inférieure courbe (poutres à ventre de poisson).

Détails de construction.

La semelle supérieure est presque toujours formée de deux cours de lames de tôle armées extérieurement de cornières et réunies par une tôle placée transversalement, soit au-dessus, de manière à former un caisson, soit au milieu, de manière à former un H ; dans le voisinage des appuis, cette dernière est souvent remplacée par un treillis en fers plats. La semelle inférieure est constituée d'éléments analogues, mais dont la disposition est différente, l'effort auquel est soumis cette pièce n'exigeant pas qu'elle soit rigide. Entre les deux cours de tôles qui constituent les âmes de chacune des semelles, se placent les verticales formées le plus souvent de cornières réunies par une tôle pleine ou par un treillis ; ces pièces ont ainsi une grande rigidité et sont dans les meilleures conditions pour s'opposer à l'aplatissement de la poutre. Les diagonales (qu'on appelle aussi tirants) sont formées chacune de deux fers plats assemblés le plus souvent sur les semelles au moyen de goussets.

Les pièces de pont sont ou pleines ou à treillis ; dans ce dernier cas, elles ont quelquefois une légèreté surprenante.

Il convient également de signaler l'assemblage, direct et sans interposition de bois, des rails sur les longerons en fer (pl. 15, *fig.* 7 et 8). Une innovation plus récente, mais qui n'est pas à imiter, est la disposition adoptée au chemin de fer métropolitain de Berlin (pl. 15, *fig.* 6) : le tablier porte, au droit de chaque rail, un demi-cylindre longitudinal en tôle de $0^m,40$ de diamètre, dans lequel est bourré le ballast servant d'assiette à une longrine métallique ; la difficulté du bourrage rend certainement cette disposition très défectueuse.

Les ingénieurs allemands paraissent attacher une grande importance à faire reposer sur des charnières les extrémités de leurs poutres, même pour des portées moyennes : la forme des sommiers (pl. 15, *fig.* 9 et 10) diffère notablement de celle qui est usitée en France ; un des sommiers est fixe et l'autre mobile sur des rouleaux.

Coefficients de résistance admis pour le travail des fers.

Les coefficients de résistance admis pour le travail des fers sont beaucoup plus forts que ceux que nous admettons en France.

Le cours de construction de Heinzerling, très estimé en Allemagne, donne les formules suivantes pour les efforts à faire supporter au fer et à l'acier :

1° *Compression et traction.* — Pour les pièces soumises à des efforts variables selon la position des charges sur le pont, mais dans lesquelles le sens de l'effort ne varie pas (formule de Launhardt).

$$(1) \quad \begin{cases} \text{Fer} \quad R = 800\left(1 + \frac{1}{2}\ \frac{S\ mini.}{S\ maxi.}\right) \text{par cent. carré.} \\ \text{Acier} \quad R = 1200\left(1 + \frac{9}{5}\ \frac{S\ mini.}{S\ maxi.}\right) \text{par cent. carré.} \end{cases}$$

S mini désigne le plus petit des efforts de compression ou de traction auxquels la pièce peut être soumise.

S maxi le plus grand de ces efforts.

Pour les pièces soumises à des efforts qui changent, non seulement de grandeur, mais de sens (formule de Weyrauch).

$$(2) \begin{cases} \text{Fer} \quad R = 700 \left(1 - \frac{1}{2} \; \frac{S\,mini.}{S\,maxi.} \right) \text{ par cent. carré.} \\ \text{Acier} \quad R = 1100 \left(1 - \frac{5}{11} \; \frac{S\,mini.}{S\,maxi.} \right) \text{ par cent. carré.} \end{cases}$$

S mini indique le plus petit en valeur absolue et S maxi le plus grand en valeur absolue des efforts auxquels la pièce est soumise, sans tenir compte du signe de l'un ou de l'autre.

On déduit, d'après Heinzerling, les trous des rivets de la section des tôles pour le calcul des pièces travaillant à l'extension; on ne les déduit pas pour le calcul des pièces travaillant à la compression, parce qu'on admet que les rivets remplissent complètement les vides.

2° *Cisaillement.*

Fer doux.	5^k,00 par millim. car.	
Fer fort.	9 ,00	—
Rivets de première qualité	8 ,00	—
Acier trempé.	18 ,70	—
Acier non trempé	9 ,30	—
Acier fondu trempé.	5 ,00	—
Acier fondu non trempé.	3 ,33	—

Les formules relatives à la compression et à l'extension traduisent les appréhensions qu'inspire, en général, aux constructeurs allemands, depuis la publication en 1870 des résultats des expériences de Woehler (*), le renversement des efforts dans les pièces métalliques. Ainsi, tandis que dans les formules (1), lorsque S minimum = S maximum, c'est-à-dire dans le cas d'une charge

---

(*) Le résumé des expériences de Woehler a été publié dans un remarquable mémoire de M. Considère sur l'emploi du fer et de l'acier dans les constructions (*Annales des ponts et chaussées*, avril 1885).

morte, le fer peut travailler à 12 kilogrammes et l'acier à
21 kilogrammes par millimètre carré, dans la formule (2),
lorsque S minimum = S maximum, c'est-à-dire lorsque
les efforts de signes contraires auxquels peut être soumise la pièce sont égaux, le travail du fer ne dépasse
pas 3^k,500 par millimètre carré et celui de l'acier 6 kilogrammes.

Les formules de Launhardt et de Weyrauch sont assez
récentes (1876), la formule de Gerber, plus ancienne, et
qui a été peu employée, était la suivante pour du fer dont
la résistance serait de 33 kilogrammes par millimètre
carré :

$$A p + 3 A_k = 1600.$$

A_p, désigne l'effort de tension et de compression par
centimètre carré qui résulterait de la charge morte;
A_k, l'effort qui résulterait de la surcharge accidentelle
agissant seule; l'effort maximum est donc $A_p + A_k$ ou
1.600 — $2 A_k$; on obtient ainsi un travail des fers qui
varie de 533 kilogrammes par centimètre carré lorsque
la charge morte est nulle à 800 kilogrammes par centimètre carré lorsque la surcharge accidentelle est nulle.

Le coefficient de sécurité appliqué lorsqu'on ne recourt
pas aux formules qui précèdent est, en général, de un
cinquième, ce qui donne un travail de 7 à 8 kilogrammes
pour les fers laminés de bonne qualité (*).

Les exemples suivants permettront de juger l'application de ces formules dans un certain nombre d'ouvrages
sur chacun desquels nous donnons, dans le paragraphe
suivant, des renseignements détaillés.

Les calculs du pont de Custrin (voir p. 297), ont été
faits en admettant un travail maximum de 7^k,500 par
millimètre carré, quel que soit le sens des efforts.

Au pont de Stettin (voir p. 298), on a admis également

(*) Voir note D, p. 336.

un travail maximum de $7^k,500$ par millimètre carré ; mais ce coefficient a été augmenté de 50 p. 100 et porté à $11^k,25$ dans le calcul du contreventement.

Au pont de Niederwartha (voir p. 300), on a admis seulement 7 kilogrammes par millimètre carré.

Pour le pont de Kettwig (voir p. 300), on a admis $7^k,30$ par millimètre carré.

Dans le calcul du pont d'Eller, sur la Moselle (voir p. 303), on a adopté les bases suivantes :

1° Travées principales.

Pour les semelles des poutres de rives.	$8^k,00$ par millim. car.
Pour les diagonales et les verticales, selon l'étendue de la variation des efforts,	$6^k,46$ à $8,00$ —
Pour la résistance à l'effort tranchant	$7,00$ —
Pour les pièces de pont.	$7,00$ —
Pour les crampons.	$6,46$ —
Pour les rivets.	$7,00$ —
Pour la pression des têtes des rivets	$10,50$ —

Pour les efforts extraordinaires résultant de la pression du vent, on a admis des limites plus étendues, savoir :

Dans les pièces transversales de contreventement et dans les semelles des poutres principales.	$10^k,50$ par millim. car.
Dans les croisillons horizontaux.	$11,50$ —

2° Travées secondaires (*).

Pour la partie comprimée des semelles et les verticales des poutres principales	$7^k,50$ —
Pour la partie des semelles des poutres principales qui travaille à la traction et les diagonales.	$7^k,00$ —

(Il a été, en outre, tenu compte pour les diagonales des variations d'efforts auxquels elles sont exposées.)

_____

(*) Les poutres de ces travées sont solidaires.

Pour l'ensemble du tablier. . . . . $6^k,46$ par millim. car.
Pour le contreventement . . . .   10 ,00   —

Dans le pont de Bullay (voir p. 304), les efforts sont variables selon la nature des pièces.

Semelles des poutres principales. . . . . $9^k,30$ par millim. car.
Barres de treillis. . . . . $6^k,46$ à 7 ,90   —
Pièces de pont de la voie de fer. . . . .   6 ,90   —
Pièces de pont de la route . . . .   7 ,50   —
Longerons de la voie de fer et de la route. . .   6 ,40   —
Rivets.   7 ,00   —
Serrage entre les têtes des rivets. . . . . . .   10 ,50   —
Contreventements . . . .   10 ,00   —

Les viaducs du Salm et du Lieser (voir p. 306), ont été calculés en admettant des efforts de 7 kilogrammes par millimètre carré pour les semelles des poutres et les pièces du tablier, 4 kilogrammes seulement pour les barres du treillis (*), et 10 kilogrammes pour les pièces du contreventement horizontal.

Le pont sur le port de Humboldt (voir p. 309) a été calculé d'après les formules de Launhardt et de Weyrauch : on a réduit dans cette dernière, la constante à 7 kilogrammes. Dans le calcul des barres, on n'a pas tenu compte des efforts accessoires résultant de l'introduction des verticales. Le travail du métal supporté par les différentes pièces varie pour les diagonales de $5^k,60$ à $7^k,82$ par millimètre carré, et pour les semelles de $7^k,67$ à $8^k,19$ par millimètre carré.

Pour le calcul du pont sur la Sprée au parc Bellevue (voir p. 310), on a admis un effort de $7^k,50$ par centimètre carré.

Dans les ouvrages de moindre importance établis sur le chemin de fer métropolitain de Berlin pour la traversée

---

(*) Ces pièces sont soumises alternativement à des efforts de traction et de compression.

des rues et des chemins, on a admis en général des efforts de 7 kilogrammes pour les longerons et les pièces de pont, et de 7^k,50 pour les poutres principales ; dans quelques ponts construits en dernier lieu, on a élevé ces efforts à 8^k,50, en raison des résultats favorables donnés par les essais des matériaux.

On voit qu'un écart considérable existe entre les limites admises pour le travail du fer en Allemagne et celles que nous admettons en France ; il ne semble pas que la solidité, ni jusqu'ici la durée des ouvrages souffrent de l'élévation des efforts auxquels sont soumises leurs pièces. L'exemple ne nous paraît cependant à imiter, au moins pour les ponts de chemin de fer. Toute autre considération mise à part, la prudence avec laquelle sont calculés nos ponts a tout au moins l'avantage de leur permettre de supporter éventuellement sans danger des charges beaucoup plus considérables que celles qui ont servi de bases aux calculs. Les ponts dont ont a dû reconstruire les tabliers, en raison des poids toujours croissants des machines, sont certainement très rares en France ; ils le sont beaucoup moins en Allemagne (*).

Description d'ouvrages de construction récente.

Nous donnons ci-dessous la description sommaire d'un certain nombre d'ouvrages construits depuis environ dix ans et qui se rapportent aux différents types que nous avons indiqués.

1° *Pont de Custrin sur la Warthe-Fluth* (ligne de

(*) Le transport des pièces exceptionnelles telles que les canons de 100 tonnes, qui ne présente généralement, en France, d'autres inconvénients que de faire travailler les fers à un coefficient de 8 à 10 kilogrammes par millimètre carré, est impossible, ou au moins dangereux, sur beaucoup de lignes en Allemagne et en Autriche.

Breslau Schweidnitz Fribourg) (*). — Ce pont est à une
seule voie; il est formé de trois travées de 27^m,50 chacune; les poutres sont du système Schwedler (poutres
hyperboliques); elles ont 3^m,50 de hauteur et sont divi-
sées chacune en sept panneaux; les trois panneaux du
milieu ont leur semelle supérieure horizontale et les diagonales croisées, les autres panneaux ont la forme de tra-
pèzes et de triangles avec diagonales simples. La semelle
supérieure de chaque poutre est formée de deux fers à U
composés, placés de champ dos à dos à une distance de
0,196 et reliés à leur partie supérieure par une tôle, sauf
dans les deux panneaux extrêmes où celle-ci est remplacée par des simples entretoises en fers plats; la semelle inférieure a la forme d'U renversé. Les verticales
sont formées d'une lame de tôle de 37,6 de largeur et 0,01
d'épaisseur sur laquelle sont rivées quatre cornières, les
ailes tournées vers l'extérieur. Les diagonales sont formées chacune de deux fers plats reliés par des goussets
aux âmes des semelles.

Chaque travée repose sur ses appuis au moyen de
deux sommiers à charnières, l'un fixe, l'autre mobile
sur rouleaux.

Le poids d'une travée est de 29.040 kilogrammes, soit
1.050 kilogrammes par mètre courant. Ce poids se dé-
compose comme il suit :

Poutre de rives.	17.725 kilogr.
Tablier.	11.315 —

Les sommiers qui ne sont pas compris dans le total
ci-dessus pèsent 1.400 kilogrammes par travée.

Pont de Stettin sur le Zeglinstrom (ligne de Stettin Fin-
kenwald) construit en 1875. — La travée centrale de

(*) Nous ignorons la date exacte de la construction de cet ouvrage.

ce pont a 92 mètres de portée ; elle est construite pour deux voies, le tablier est placé à la partie inférieure.

La semelle supérieure des poutres de rives a la forme d'un polygone inscrit dans une ellipse ; la semelle inférieure est droite ; les poutres ont 14 mètres de hauteur au milieu et 6 mètres aux extrémités, elles sont à verticales et à tirants du second ordre, c'est-à-dire que chaque tirant ou diagonale traverse deux panneaux. La largeur des panneaux, qui est de six mètres dans la partie médiane, se réduit à 5 mètres et à 4 mètres dans les voisinages des extrémités.

Les semelles supérieures sont formées chacune de deux fers à U composés placés de champ dos à dos à 0,526 de distance et reliés par une tôle horizontale armée de quatre cornières qui leur est assemblée au milieu de leur hauteur ; les semelles inférieures sont formées chacune de deux âmes verticales en tôle indépendantes et armées de cornières.

Les verticales ont la forme de fers à double T composés et sont insérées entre les âmes des semelles. Les diagonales sont formées de fers plats reliées aux mêmes âmes par des goussets ; les deux fers qui forment chaque diagonale passent de part et d'autre de la verticale qu'ils rencontrent.

Les pièces de pont sont à âmes pleines et ont la forme dite « à ventre de poisson ».

Le contreventement inférieur est formé de croix de St André en fers plats ; le contreventement supérieur est formé de poutrelles horizontales reliées par deux cours de fers à T et par des croix de St André en fers plats.

Chaque poutre repose sur ses appuis au moyen de deux sommiers en fonte, l'un fixe et l'autre mobile.

Le poids total du pont est de 439.000 kilogrammes, soit 4.772 kilogrammes par mètre courant.

Chacune des poutres principales pèse environ 160.000 kilogrammes ; les quatre sommiers en fonte, qui ne sont pas compris dans les poids qui précèdent, pèsent ensemble 18.600 kilogrammes.

Pont sur l'Elbe à Niederwarthu (chemin de fer de Berlin à Dresde) construit en 1875. — Les trois travées principales de cet ouvrage ont chacune 62^m,60 de portée. Le pont est construit pour donner passage à la fois à une voie de fer et à une route placées l'une à côté de l'autre ; le tablier est inférieur et les poutres de rives sont espacées d'axe en axe de 11^m,20. La semelle supérieure de ces poutres a la forme d'un polygone inscrit dans une ellipse ; la hauteur varie depuis 6 mètres aux extrémités jusqu'à 10 mètres au milieu. La disposition des semelles, des verticales, des diagonales et des contreventements est à peu près identique à celle des mêmes éléments dans le pont de Stettin décrit plus haut.

Chaque poutre repose à ses extrémités sur des sommiers en fonte à charnière, l'un fixe et l'autre mobile.

Le poids d'une travée est de 268.000 kilogrammes, soit 4.281 kilogrammes par mètre courant.

Pont de Kettwig sur la Ruhr (*), chemins de fer de l'État Prussien, direction de Berg et Marche (**). — Cet ouvrage se compose de deux travées biaises de 62^m,23 d'ouverture chacune ; il est construit pour deux voies, avec tablier supérieur.

Les poutres sont à semelles parallèles avec verticales et tirants du second ordre, leur hauteur est de 7^m,80, la largeur des panneaux est de 3^m,295. La semelle supérieure est formée de deux rangées de six cornières cha-

---

(*) Voir pl. 6.
(**) Nous n'avons pas pu nous procurer la date exacte de la construction de cet ouvrage.

cune ; ces cornières sont superposées de manière à avoir toutes une de leurs ailes placée dans le même plan vertical, elles sont reliées entre elles au moyen de fers plats rivés sur les ailes verticales ; la section des semelles est augmentée, dans les parties où les efforts justifient cette adjonction, par des âmes en tôle interposées entre les cornières et les fers plats qui les relient et formées d'une ou de deux feuilles selon leur position. Les deux rangées de cornières sont reliées entre elles au-dessus et au-dessous au moyen de treillis en fers plats. La semelle inférieure a la forme d'un caisson dans lequel, dans le voisinage des culées, la table inférieure est supprimée et remplacée par un treillis en fers plats.

Les verticales sont formées chacune d'un fer à T composé d'une âme en tôle et de quatre cornières auxquelles sont accolées de chaque côté deux cornières placées dos à dos avec les premières ; les diagonales sont en fers plats. Tous les assemblages principaux sont faits au moyen de goussets.

Les pièces de pont sont formées chacune d'une poutre à âme pleine et à semelles parallèles posée sur les poutres principales. Les rails reposent directement sur les longerons au moyen de selles en fer.

Le poids des poutres principales est de 2.390 kilogrammes par mètre courant.

Ponts sur le Rhin à Huningue, Vieux-Brisach et Neubourg, construits de 1875 *à* 1878. — Ces trois ouvrages sont construits sur un plan à peu près identique ; chacun d'eux comprend trois grandes travées de 72 mètres de portée et des travées plus petites d'ouvertures variables. Les poutres des grandes travées ont leurs semelles parallèles avec verticales et tirants du second ordre ; leur hauteur est de 7^m,20 ; la voie, unique, est placée à la partie inférieure. Les poutres des petites travées sont à semelles parallèles avec verticales et tirants du premier ordre.

Chacune des grandes travées pèse :

Poutres principales	153.068 kilogr.
Tablier et voie.	34.153 —
Contrevenlement, sommiers, etc. . .	31.003 —
	218.224 kilogr.

soit 3.030 kilogrammes par mètre courant.

Au pont de Huningue les petites travées, au nombre de trois, ont 36 mètres d'ouverture ; les poutres sont à semelles parallèles avec voie supérieure et du premier ordre ; le poids de chaque travée est le suivant :

Poutres principales	41.922 kilogr.
Tablier et voie	17.070 —
Contrevenlement, sommiers, etc. . .	4.500 —
	63.492 kilogr.

soit, par mètre courant, 1.764 kilogrammes.

Aux ponts de Vieux-Brisach et de Neubourg les petites travées ont 28 mètres de portée ; les poutres sont également du premier ordre avec voie supérieure ; le poids d'une travée est le suivant :

Poutres principales	22.772 kilogr.
Tablier et voie.	14.275 —
Contrevenlement, sommiers, etc. . .	4.016 —
	41.063 kilogr.

soit, par mètre courant, 1.466 kilogrammes.

Ponts du chemin de fer de la Moselle construits en 1877 et 1878. — Les principaux ouvrages de cette ligne sont de systèmes différents : plusieurs d'entre eux s'écartent d'ailleurs des types courants et sont, à ce titre, particulièrement intéressants.

Le pont d'*Eller*, sur la Moselle, se compose d'une travée principale et de cinq travées secondaires (Pl. 6).

La travée principale a 88 mètres d'ouverture, elle est faite pour recevoir deux voies. Les poutres ont leur semelle supérieure en forme de polygone inscrit dans une ellipse et sont coupées carrément aux extrémités ; leur hauteur est de $12^m,65$ au milieu et de $4^m,40$ aux extrémités ; elles sont à verticales et tirants du second ordre. La semelle supérieure est formée de deux âmes en tôle, réunies par quatre cornières à une feuille de tôle transversale placée à la partie supérieure. La table inférieure est formée de deux âmes verticales contreventées, dans les trois panneaux voisins de chaque culée, au moyen d'un léger treillis et au delà par des lames de tôle transversales espacées de 1 mètre environ.

Les verticales sont formées alternativement de 8 et 6 cornières entretoisées par un treillis ; les diagonales consistent chacune en deux paires de fers plats réunis aux âmes des semelles au moyen de goussets.

Une disposition particulière à cet ouvrage et dont nous ne connaissons aucun autre exemple est la position donnée au tablier qui est placé à la hauteur des extrémités des semelles supérieures et par suite environ au 1/3 de la hauteur maximum de la poutre. Il en résulte que le contreventement supérieur n'existe qu'entre les quatrième et seizième verticales.

Le poids, par mètre courant, de la travée principale est de 5.120 kilogrammes.

Les travées secondaires sont au nombre de trois sur la rive gauche et de deux sur la rive droite ; elles sont solidaires, ce qui, comme nous l'avons dit, est une exception dans les ouvrages allemands ; elles ne sont faites que pour une seule voie, la pose de la deuxième voie étant ajournée à une époque ultérieure ; c'est pour pouvoir réaliser cette économie qu'on a renoncé à placer, comme on le fait habituellement, le tablier de la travée principale à la partie inférieure des poutres.

Les travées secondaires de la rive gauche ont 36^m,90, 41^m,50 et 36^m,90 de portée ; les poutres principales sont à semelles parallèles de 4^m,40 de hauteur et à verticales et tirants du premier ordre ; elles sont écartées de 2^m,80 d'axe en axe ; les panneaux ont 4^m,62 de largeur ; les semelles sont en forme de T ; les verticales sont composées chacune de quatre cornières ; les tirants sont formés de fers plats jumelés, réunis par des goussets aux semelles et aux tirants.

Les travées de la rive droite ont toutes deux 36^m,516 de portée et leurs poutres ne diffèrent pas de celles des travées de la rive gauche.

Le poids, par mètre courant, des travées secondaires est de 1.700 kilogrammes.

Le pont de *Bullay*, sur la Moselle (Pl. 7), a six travées indépendantes ; la travée en rivière a 88^m,60 de portée, les travées secondaires ont 35^m,44. Il offre cette particularité que la partie supérieure des poutres porte un tablier pour double voie de chemin de fer et la partie inférieure un tablier pour route ; cette circonstance a conduit nécessairement à l'emploi de poutres à semelles parallèles. La hauteur de ces poutres est uniformément de 11^m,275, elle est donc de près du tiers de la longueur pour les petites travées. Le système de liaison adopté pour les semelles est un treillis quadruple, c'est-à-dire dans lequel chaque barre est divisée en quatre parties par ses intersections avec les barres disposées en sens inverse ; il n'y a pas de montants verticaux. Ce système a été choisi à la suite d'une étude qui a démontré qu'il était le plus avantageux ; d'après la *Zeitschrift für Bauwesen* auquel nous empruntons ces renseignements, cette étude a confirmé que le système de liaison le plus économique est celui dans lequel les charges sont réparties par les pièces qui composent la poutre, depuis le point d'application jusqu'aux culées, en suivant le plus court chemin possible (*). Le treillis est d'ailleurs composé suivant les règles habituelles aux constructeurs allemands, c'est-à-dire que les barres qui travaillent à la compression sont seules rigides.

Les semelles supérieures des poutres principales de la travée de 88^m,60 sont formées chacune d'une table horizontale reliées par quatre cornières à deux âmes de tôle espacées de 0,478 ; celles-ci sont en outre entretoisées à leur partie inférieure au moyen d'un treillis léger en fers méplats. La table inférieure est formée de deux lames verticales ayant le même écartement que les précédentes et composées de tôles rivées les unes sur les autres ; ces lames sont reliées entre elles, de distance en distance, par des tôles transversales auxquelles elles sont assemblées au moyen de cornières.

Les diagonales qui travaillent à la traction sont formées chacune de deux fers plats de 0,014 d'épaisseur et de largeur variables ; dans le voisinage du milieu de la poutre, où ces pièces sont soumises alternativement à des efforts, faibles d'ailleurs, de traction et de compression, elles sont raidies par des cornières rivées. Les diagonales qui travaillent à la compression ont la forme de double T, elles sont composées d'une âme de 0,010 d'épaisseur et de quatre cornières de dimensions variables ; les diagonales voisines des extrémités sont en outre renforcées par des tables formées de fers plats rivés sur les cornières.

Dans les travées secondaires de 35^m,44 d'ouverture les tables supérieures des poutres ont la forme de simple T,

---

(*) Ce principe théorique ne tient pas compte de la nécessité d'avoir, pour résister aux efforts de compression, des pièces parfaitement rigides ; on verra plus loin que l'oubli de cette nécessité au pont de Bullay a conduit à de graves mécomptes.

les tables inférieures sont formées de deux tôles distantes entre elles de 20 millimètres et armées à leur partie supérieure de cornières horizontales placées extérieurement. Les diagonales qui travaillent à la traction sont formées de fers plats de largeur et d'épaisseur variables ; les diagonales qui travaillent à la compression sont formées chacune de deux ou de quatre cornières et renforcées en partie par des fers plats intermédiaires. Les diagonales qui travaillent à la traction sont dans le plan de l'âme de la table supérieure et assemblées à celle-ci au moyen de doubles couvre-joints, elles sont assemblées de même à des goussets qui sont rivés entre les deux lames qui forment la semelle inférieure. Les diagonales qui travaillent à la compression sont rivées des deux côtés de ces goussets et de l'âme de la table supérieure. On a dû, pendant la construction, consolider les poutres qui flambaient en les contreventant au moyen de cadres reliant, à leur partie supérieure, les diagonales situées vers le milieu des poutres. Même après cette addition, des poutres de près de douze mètres de hauteur, dont le treillis est composé comme nous l'avons indiqué, sont, à notre avis, singulièrement hardies et beaucoup trop près des limites que la prudence ne permet pas d'atteindre.

Le poids de la grande travée du pont de Bullay est de 619 tonnes, soit 6.986 kilogrammes par mètre courant.

Le poids de chacune des travées secondaires est de 151 tonnes, soit par mètre courant 4.350 kilogrammes. Il ne faut pas perdre de vue que ce pont supporte à la fois une ligne à double voie et une route.

Les poutres des viaducs du *Salm* et du *Lieser* (Pl. 7), sont « à ventre de poisson », c'est-à-dire avec semelle supérieure horizontale et semelle inférieure courbe ; ce système a été adopté par raison d'économie. Le profil de la semelle inférieure est un arc de cercle. Le treillis est réduit à sa plus simple expression et formé simplement de lames rigides formant une triangulation. La portée est, dans le premier viaduc, de $28^m,90$ et dans le second de $28^m,40$. La hauteur est de 4 mètres, et il n'y a qu'une voie. Les poutres principales sont espacées d'axe en axe de $2^m,80$; elles sont contreventées à leur partie supérieure par les pièces de pont qu'elles supportent, et à leur partie inférieure par des traverses en forme de croix accolées et placées au droit des attaches des lames de treillis avec les semelles ; les pièces de pont sont reliées entre elles par des croix de St André à fers plats ; les fers à croix sont reliés deux à deux de la même façon par des fers à U. Remarquons qu'il n'existe aucun contreventement dans le plan des barres de triangulation.

La semelle supérieure a la forme d'un U renversé elle est composée d'une lame de tôle horizontale laquelle sont assemblées deux autres lames placées verticalement ; celles-ci sont contreventées de distance en distance à leur partie inférieure par des morceaux de fer à U.

Les semelles inférieures sont formées chacune de deux fers à T composés espacés de 280 millimètres.

Au viaduc du Lieser, les rails sont portés directement, sans interposition d'aucune fourrure en bois, par les longerons rivés aux pièces de pont ; au viaduc du Salm, le voisinage d'une courbe a nécessité l'emploi de traverses pour donner le dévers.

Le poids de la partie métallique est de $72^t,70$ au viaduc du Lieser, soit $36^t,350$ par travée et 1.280 kilogrammes par mètre courant. Il est de $67^t,10$ au viaduc du Salm, soit $33^t,550$ par travée et 1.160 kilogrammes par mètre courant.

Le viaduc de *Conz*, sur la Sarre, est formé de quatre travées dont deux de $40^m,50$ et deux de 28,72 de portée.

Le peu de hauteur dont on disposait a conduit à l'emploi du système Schwedler. Le pont est construit pour deux voies, mais chacune des voies est supportée par un tablier indépendant (Pl. 8).

La hauteur des poutres des grandes travées est de 5^m,80; leur écartement de 4^m,35. Chaque poutre est divisée en huit panneaux; les montants des six panneaux du milieu sont contreventés à leur partie supérieure. La semelle supérieure est en forme d'U renversé et composée de tôles assemblées par des cornières. La semelle inférieure est formée de deux lames de tôle verticales renforcées extérieurement par des cornières; les montants sont en forme de double T composé et les tirants sont formés chacun de deux fers plats; ils sont assemblés avec les semelles et les verticales au moyen de goussets.

La hauteur des poutres des petites travées est de 3^m,57; elles sont écartées de 4^m,35 comme les grandes poutres; elles sont formées chacune de huit panneaux, sans contreventement supérieur. Les deux semelles ont la forme de T; les verticales ont la forme de fuseaux et sont formées d'une tôle armée de quatre cornières; les tirants sont formés chacun d'un fer plat assemblé, au moyen de goussets, avec les semelles et les verticales.

Sur toute la longueur du pont, les rails reposent directement sur les longerons, et pour éviter l'emploi de selles, on a donné à ceux-ci l'inclinaison sur la verticale que doivent avoir les rails (*).

Le poids des grandes travées est de 114 tonnes, soit 57 tonnes chacune et 1.407 kilogrammes par mètre courant; le poids des petites travées est de 64 tonnes, soit 32 tonnes chacune et 1.119 kilogrammes par mètre courant.

(*) Cette inclinaison, qui est de 1/20 en France, est de 1/16 en Allemagne.

Ponts du chemin de fer métropolitain de Berlin (construits de 1880 à 1883). Le chemin de fer métropolitain de Berlin a nécessité la construction de quelques ouvrages métalliques intéressants : outre des ponts en arc et des ponts à poutres droites pleines, on y remarque le pont sur le port de Humboldt et sur la Sprée au parc Bellevue, que nous allons décrire ; l'un et l'autre ont été établis avec une préoccupation évidente d'obtenir un aspect satisfaisant et probablement aussi de construire des ouvrages qui ne soient pas la reproduction pure et simple de types courants.

Le pont *sur le port de Humboldt* (*) comprend cinq travées à peu près égales, dont la portée varie de $29^m,32$ à 31 mètres, et deux travées plus petites de $19^m,60$ de portée. Les quatre voies auxquelles il donne passage sont supportées chacune par une paire de poutres isolées distantes entre elles de $2^m,60$ et supportant des pièces de pont placées à leur partie supérieure. Les travées sont indépendantes.

Les poutres ont $3^m,74$ de hauteur ; elles sont formées chacune de deux semelles parallèles entretoisées par une série de barres formant des triangles isocèles dont les sommets sont placés alternativement sur la semelle inférieure et sur la semelle supérieure ; à chaque sommet correspond, en outre, une verticale qui est rigide et formant chandelle, ou flexible et formant tirant, selon sa position. La forme des semelles accuse leur force croissante des extrémités au milieu, comme l'indique la *fig.* 5. Les fers employés sont des fers à U, des cornières et des tôles.

Le poids total de l'ensemble du pont, y compris le ta-

(*) Voir pl. 8.

blier, mais non compris les parapets, est de 852.850 kilogrammes; soit, par mètre courant, 5.568 kilogrammes.

Le pont *du parc de Bellevue, sur la Sprée*, est formé
de trois travées de 25^m,90 de portée chacune, mesurées
suivant le biais. Il donne passage à quatre voies, dont
chacune est supportée par une poutre principale placée
dans son axe; ces poutres sont entretoisées deux à deux
dans le sens transversal et portent les pièces de pont à
leur partie supérieure (pl. 9).

Chaque poutre est formée de trois travées solidaires;
les semelles sont parallèles, et leur treillis réduit à sa plus
simple expression est formé de barres inclinées alternativement à droite et à gauche, qui forment une série de
triangles équilatéraux, comme dans le système américain
Warren. La hauteur des poutres est de 3^m,30 et les côtés
des triangles ont 3^m,70 de longueur.

Les semelles ont la forme d'H et sont composées de
tôles et de cornières; les barres inclinées ont la forme
de double T, leur assemblage sur les semelles est fait
au moyen de goussets.

Dans ce pont, comme dans le précédent, la voie est
posée au moyen de longrines en fer, système Haarmann,
sur une couche de ballast renfermée dans deux auges
parallèles de 0^m,40 de largeur.

Le poids de la superstructure métallique du pont du
parc de Bellevue, y compris le tablier, mais non les parapets, est de 384.191 kilogrammes; soit, par voie et par
mètre courant, 3.693 kilogrammes.

Pont de Landshut (Bavière) (pl. 10).— Le pont construit
tout récemment à Landshut, sur l'Isaar, est le seul exemple
récent que nous connaissions d'un pont à poutres droites
avec articulation dans les poutres principales. La forme
assez compliquée et l'aspect grêle de ces poutres ne

paraissent pas devoir provoquer beaucoup d'imitateurs ; toutefois, comme l'ouvrage se comporte bien sous le passage des trains, il nous a paru mériter d'être cité à titre de renseignement.

Le pont comprend trois grandes travées de 52 mètres de portée et cinq petites travées de 32 mètres de portée. Chaque travée est formée de deux poutres, placées en dessous de la voie, et qui peuvent être considérées comme des poutres à ventre de poisson, à quatre panneaux, avec verticales et diagonales dirigées de haut en bas vers les culées ; la semelle supérieure a elle-même, dans chaque panneau, la forme d'une poutre armée dont un des tirants est constitué par la partie supérieure de la diagonale correspondante ; les assemblages sont faits de telle façon que les poutres armées qui constituent la semelle supérieure sont chacune formées d'éléments réunis avec des rivets, tandis que les pièces complémentaires sont assemblées avec ces poutres et entre elles au moyen de charnières.

Le poids total du pont, non compris les sabots en fonte placés sur les poutres, est de 541.000 kilogrammes.

Résumé des conditions d'établissement des ouvrages décrits précédemment.

DÉSIGNATION DES PONTS.	GRANDES TRAVÉES				PETITES TRAVÉES			
	Nombre de voies	Système de construction	Portée	Poids par mètre	Nombre de voies	Système de construction	Portée	Poids par mètre
Pont de Custrin	»	»	»	»	1	Syst^me Schwedler. 1er ordre.	27m,50	1.050k
Pont de Stettin	2	Semelle supérieure courbe, semelle inférieure droite, abouts coupés carrément, 2e ordre.	92m,00	4.772k	»	»	»	»
Pont de Niederwartha	à voie étroite	Semelle supérieure courbe, semelle inférieure droite, abouts coupés carrément, 2e ordre.	62 ,00	4.281	»	»	»	»
Pont de Kettwig	2	Semelles parallèles, tablier supérieur, 2e ordre.	»	»	»	»	»	»
Pont de Huningue	1	Semelles parallèles, tablier inférieur, 2e ordre.	72 ,00	3.030	1	Semelles parallèles, 1er ordre, voie supérieure.	36 ,00	1.764
Ponts de Vieux-Brisach et de Neuenbourg	1	Idem.	Idem.	Idem.	1	Idem.	28 ,00	1.466
Ponts de Eller	2	Semelle supérieure courbe, semelle inférieure droite, abouts coupés carrément, tablier intermédiaire, 2e ordre.	88 ,00	5.120	1	Travées solidaires, semelles parallèles, 1er ordre.	36 ,96 / 41 ,50	1.700
Pont de Bullay	2 voies et route	Semelles parallèles, treillis quadruple.	88 ,60	6.986	1	Semelles parallèles, treillis quadruple.	35 ,44	4.350
Viaduc du Salm	»				1	Poutre à ventre de poisson, triangulation isocèle.	28 ,90	1.160
Viaduc du Lieser	»						26 ,40	1.280
Viaduc de Conz	1	Syst^me Schwedler, 1er ordre.	40 ,50	1.407	1	Syst^me Schwedler, 1er ordre.	28 ,72	1.110
Pont sur le port de Humboldt . . .	»	»	»	»	4	Semelles parallèles triangulation isocèle avec chandelles et tirants.	29 ,32 / 31 ,00	5.568
Pont sur le parc Bellevue	»	»	»	»	4	Travées solidaires, semelles parallèles, triangulation isocèle simple.	25 ,90	4.945

CHAPITRE II

HOLLANDE (*).

Principes généraux de construction.

Les grands ponts métalliques construits en Hollande depuis vingt ans environ sont à peu près exclusivement du type à tirants et diagonales; ainsi que nous le dirons plus loin, il y actuellement une tendance marquée à réduire au minimum le nombre des éléments qui entrent dans la construction et à adopter le premier ordre (diagonales comprises tout entières dans un même panneau), même pour les poutres de très grandes. portées. Il en résulte des dispositions qui seraient certainement considérées en France comme inadmissibles; ainsi, au pont de Rhenen, dont nous donnons plus loin la description, les verticales sont de véritables colonnes dont la hauteur dépasse 16 mètres, et les diagonales, formées de fers plats complètement libres entre leurs deux extrémités, ont une longueur encore plus grande.

Pour les grandes ouvertures, les poutres ont leur semelle supérieure courbe (parabole ou ellipse) et coupée carrément aux abouts, ou parallèle à la semelle inférieure; une innovation, qui ne nous paraît pas très heureuse, introduite dans des ouvrages récents, consiste à réduire le dernier panneau de chaque côté à un triangle, de manière à terminer la poutre en forme de sifflet.

Les poutres à semelles parallèles sont presque exclusivement employées pour les ouvertures moyennes jusqu'à

(*) Nous devons la plus grande partie des documents que nous avons consultés et des renseignements que nous avons recueillis à M. l'ingénieur Post, des chemins de fer de l'État Néerlandais.

60 ou 65 mètres; depuis dix ans environ, elles sont toujours du premier ordre; on emploie aussi, mais moins fréquemment, des poutres à semelle supérieure parabolique, rejoignant la semelle inférieure sur les culées.

L'indépendance des travées est une règle tout à fait absolue; elle est d'ailleurs justifiée par la mauvaise qualité des fondations dans une contrée formée entièrement d'alluvions.

Détails de construction.

Les détails de construction des principaux ponts hollandais ont déjà été donnés par M. l'inspecteur général Croizette-Desnoyers, dans son *Mémoire sur les Travaux publics en Hollande* et dans son *Cours de Ponts*. Comme on peut le voir en se reportant à ces deux ouvrages, la constitution des pièces, et partout leur assemblage, sont en général plus simples qu'ils ne le sont en Allemagne; comme nous le montrerons, les ingénieurs Hollandais poussent d'ailleurs beaucoup moins loin que les Allemands le souci de l'économie de la matière.

Les ouvrages construits le plus récemment diffèrent de ceux qui ont été décrits par M. Croizette-Desnoyers sur quelques points qu'il est intéressant de signaler.

Nous avons déjà indiqué l'emploi à peu près exclusif du premier ordre pour la disposition des tirants et des diagonales, même dans les poutres à très grandes portées, et la terminaison en sifflet des poutres; il convient de citer en outre les précautions prises pour combattre les efforts produits par les pièces de pont qui tendent, en fléchissant, à gauchir les poutres principales si elles sont rivées à celles-ci. Les contreventements supérieurs, généralement très forts, empêchent bien les poutres de se voiler, mais leur résistance contribue à augmenter l'effort de torsion; dans les ponts de Rhenen et de Heumen (voir le tableau, p. 318); on a obvié à cet inconvénient en faisant reposer les pièces de pont sur les semelles inférieures des poutres principales par l'intermédiaire d'axes en acier ; leur flexion peut ainsi se produire librement sans entraîner aucune déformation des poutres. Dans les deux ponts de Baanhœk et de Venloo (voir le tableau déjà cité), construits après ceux de Rhenen et de Heumen, on n'a pas adopté le système des charnières et les entretoises sont rivées aux montants verticaux au droit de l'assemblage de ceux-ci sur la semelle inférieure; mais on a renforcé, dans chaque poutre, du côté placé à l'intérieur du pont, les parois verticales des âmes des caissons qui constituent les semelles et les fers plats qui forment les diagonales (*). Le rapport des sections de ces pièces aux sections des pièces identiques placées du côté extérieur est à Baanhœk de 15 à 13 pour les grandes travées et 14 à 12 pour les petites; il est à Venloo de 13 à 10.

Une autre particularité à signaler est la suppression des longrines et traverses en bois et leur remplacement par des traverses en fer d'un profil spécial (fer zorès) boulonnées ou rivées sur les longerons.

L'acier qui a été employé dans la construction d'un certain nombre de ponts, notamment pour les pièces de pont les longerons et les contreventements, a été abandonné depuis quelques années, à la suite d'expériences faites en 1876 et qui ont inspiré des craintes sérieuses pour la durée des poutres construites avec ce métal. Nous donnons, dans un chapitre spécial (annexe B), le résumé de ces expériences.

Enfin, nous devons mentionner l'essai fait, sur des ponts-routes, des poutres à assemblages articulés du système américain. Cet essai n'a pas, jusqu'ici, été étendu aux ponts de chemins de fer.

(*) Les poutres sont à double paroi.

Coefficients de résistance admis pour le travail des fers.

Les ingénieurs hollandais, qui ont abordé les grandes portées et simplifié les éléments des poutres avec une hardiesse qui n'a été dépassée nulle part, sont au contraire, dans le choix des coefficients de travail du fer, plus prudents que les ingénieurs allemands, quelquefois même que les ingénieurs français. Les efforts admis actuellement sont de 5 à 6 kilogrammes par millimètre carré pour les longerons et pièces de pont, de 6 à 7 kilogrammes pour les poutres principales, selon que les pièces travaillent à la compression ou à la traction. En fait, le travail maximum du fer dans les longerons et pièces de pont est généralement inférieur à 5 kilogrammes et quelquefois même à 4 kilogrammes, le calcul étant fait en supposant les pièces non encastrées. Le travail des fers dans les poutres principales est également très modéré; au pont de Rhenen, dont nous donnons plus loin la description et dont nous avons fait faire le calcul en admettant les charges d'épreuve usitées en France, l'effort maximum ne dépasse pas $5^k,24$ dans les poutres de la grande travée et 5 kilogrammes dans les poutres des travées secondaires, si on ne déduit pas les trous de rivets. La limitation des coefficients de travail du fer à des chiffres relativement faibles paraît avoir été le résultat d'une réaction contre la hardiesse des données admises pour des ouvrages plus anciens; ainsi, on peut voir, dans le mémoire de M. l'inspecteur général Croizette-Desnoyers sur les travaux publics de Hollande, que le pont de Kuilenbourg a été calculé en admettant un coefficient de 7 kilogrammes pour le travail des fers et un coefficient de 10 à $12^k,50$ pour le travail de l'acier dans les contreventements. C'est évidemment à cette différence dans les bases des calculs qu'il faut attribuer, au moins en partie, les différences de poids considérables qui existent entre les ponts construits depuis cinq ou six ans et ceux qui ont été établis antérieurement.

La prudence apportée par les ingénieurs hollandais dans le calcul de leurs ouvrages est sans doute inspirée surtout par la préoccupation d'assurer leur durée. Les grands ponts métalliques constituent aujourd'hui une fraction importante du capital représenté par l'outillage national, et rien n'est épargné pour éviter leur destruction; c'est ainsi que, sur tous les ponts fixes de plus de 30 mètres d'ouverture, la vitesse des trains, contrôlée par des appareils enregistreurs, est limitée à 30 kilomètres à l'heure.

Description d'ouvrages de construction récente.

Tableau des grands ponts construits depuis 1884. — Nous résumons ci-dessous, d'après une notice très intéressante de MM. Martini Buys et Koch (*), les renseignements généraux relatifs aux grands ponts construits en Hollande depuis vingt ans environ.

(*) Rotterdam, Eeltjis, éditeur; l'ouvrage a paru en hollandais et en français.

DÉSIGNATION DES PONTS	Date de l'achèvement des travaux	PONTS A SEMELLE SUPÉRIEURE COURBE						PONTS A SEMELLE PARALLÈLE						OBSERVATIONS
		Nombre	Portée	Système	Hauteur au milieu	Hauteur aux extrémités	Poids par mètre cour¹	Nombre	Portée	Système	Hauteur au milieu	Hauteur aux extrémités	Poids par mètre cour¹	
			mèt.		mèt.	mèt.	kilogr.		mèt.		mèt.	mèt.	kilogr.	
Sur l'Yssel, à Zutfen.	1864	»	»	»	»	»	»	1	104,00	3e ordre Panneaux et croix de St André	10,196	10,316	7.411	
								6	33,40		3,322	3,27	1.927	
Sur la Meuse, à Venloo.	1865	»	»	»	»	»	»	4	55,50	2e ordre	7,00	7,00	3.293	1 voie et voie charretière.
	1885	»	»	»	»	»	»	4	55,50	1er ordre	7,20	7,20	5.490	à 2 voies.
Sur le Lek, à Kuilenbourg	1868	1	157,00	3e ordre	20,21	8,05	11.341	1	85,50	2e ordre	8,10	8,00	8.109	à 2 voies.
		»	»	»	»	»	»	7	60,50	2e ordre	8,08	8,00	5.090	
Sur le Wahal, à Bommel	1869	3	136,27	2e ordre	13,40	7,32	6.419	8	60,50	2e ordre	7,30	7,22	2.744	
Sur la Meuse, à Crèvecœur.	1870	1	106,00	2e ordre	12,825	7,274	5.308	10	60,50	2e ordre	7,265	7,18	2.917	
Sur le Hollandsch Diep, près Mördyck.	1871	13	104,30	2e ordre	12,411	6,983	4.187	»	»	»	»	»	»	
Sur la Vieille-Meuse, à Dordrecht. . .	1872	2	87,64	2e ordre	12,50	2,00	7.806	»	»	»	»	»	»	
		2	64,54	2e ordre	12,50	2,00	5.109							
Sur la Meuse, à Gennep.	1872	»	»	»	»	»	»	5	62,33	2e ordre	7,036	»	2.629	
Sur la Meuse, à Ravestein	1875	»	»	»	»	»	»	6	69,04	2e ordre	7,28	7,28	3.194	
								2	42,98	1er ordre	4,28	4,28	2.564	
Sur la Nouvelle-Meuse, à Rotterdam. .	1876	3	87,40	1er ordre	14,65	6,65	7.939	»	»	»	»	»	»	à 2 voies.
		2	64,60	1er ordre	12,53	6,65	5.356							
Sur le Koningshaven, à Feyenoord .	1876	2	78,66	1er ordre	12,00	5,23	6.721	»	»	»	»	»	»	à 2 voies.
Sur le Rhin, à Arnhem	1878	2	94,49	1er ordre	16,926	6,888	7.341	5	56,825	1er ordre	6,88	6,82	5.266	à 2 voies.
Sur le Vahal, à Nimègue	1880	3	131,95	2e ordre	21,885	7,28	9.248	5	56,825	1er ordre	6,88	6,82	5.433	à 2 voies.
Sur la Meuse, à Heumen	1883	3	73,40	1er ordre	11,24	»	(*)	4	32,08	1er ordre	3,45	3,45	(*)	
Sur le Rhin, à Rhenen	1883	3	94,70	1er ordre	16,00	0,80	7.428	»	48,32	1er ordre	5,65	5,65	5.415	à 2 voies.
Sur le Beneden-Merwede, à Baanhœk.	1885	2	110,695	1er ordre	13,478	6,926	6.749	1	68,73	1er ordre	6,041	6,011	4.956	
								3	68,75	1er ordre	6,032	6,032	4.297	

(*) Nous n'avons pu nous procurer les poids de chacune des travées de ce pont.

L'examen du tableau qui précède met en évidence la
tendance que nous avons signalée à diminuer le nombre
des pièces constitutives des poutres, en recourant au système de diagonales et tirants de premier ordre ; il permet
de constater aussi une tendance à l'augmentation du poids
par mètre courant, dans les ponts construits depuis 1880.

Pont sur la Meuse, à Venloo (*). — Les croquis que
nous donnons des deux tabliers construits sur les mêmes
appuis, à Venloo, à vingt ans d'intervalle (1865 à 1885),
mettent en évidence les modifications apportées dans cette
période au système de construction ; les plus importantes
sont, outre la substitution du premier ordre au second
ordre, l'augmentation de la largeur des poutres principales et de la hauteur des pièces de pont et la forme
en sifflet donnée aux extrémités des poutres.

Pont de Rhenen sur le Rhin. — Le pont de Rhenen se
compose de trois grandes travées de 94^m,70 de portée
et de cinq travées secondaires de 48^m,32 de portée ; il est
construit pour deux voies (pl. 11 et 12).

Les poutres principales des grandes travées ont la
semelle supérieure courbe, en forme de parabole, et la
semelle inférieure droite ; au lieu d'être coupée carrément
à ses extrémités, chaque poutre est terminée en sifflet,
par suite de la forme triangulaire donnée aux panneaux
extrêmes. Le système des verticales et des tirants est
du premier ordre ; la longueur des panneaux est de 7^m,26,
sauf aux extrémités où elle de 7^m,82.

Les semelles sont formées de caissons composés d'une
plate-bande et de deux âmes verticales fixées sur celle-ci
au moyen de cornières ; leur largeur est de 1^m,22 ; les
âmes ont 0^m,70 de hauteur pour les semelles supérieures

(*) Voir pl. 10.

et $0^m,60$ de hauteur pour les semelles inférieures ; elles sont espacées de $0^m,684$. Les diagonales sont formées chacune de deux fers plats assemblés sur les âmes des semelles. Les verticales sont formées chacune de quatre cornières reliées deux à deux par des treillis en fer plats et cornières, de manière à former de véritables piliers carrés. Les pièces de pont reposent, par l'intermédiaire d'axes en acier, sur les âmes des semelles inférieures renforcées par des lames de tôle transversales. Les traverses sur lesquelles reposent les rails sont fixées directement sur les longerons ; elles portent le platelage et, pour éviter un porte-à-faux excessif, leurs extrémités sont soutenues par des longerons secondaires.

Les travées secondaires ont chacune $47^m,52$ de portée ; elles sont indépendantes ; les poutres sont à semelles parallèles avec verticales et tirants du premier ordre ; leur hauteur est de $5^m,65$; la longueur des panneaux est de $5^m,28$. Les semelles sont formées de caissons, dont les plates-bandes ont 1 mètre de largeur et dont les âmes, de $0^m,50$ de hauteur, sont distantes de $0^m,50$. Les diagonales sont formées chacune de deux fers plats ; les verticales ont la forme de double T, à âme pleine. La voie est placée au-dessus des poutres ; comme dans les grandes travées, les traverses en fer sont posées directement sur les longerons.

Chaque poutre repose sur deux charnières, l'une fixe et l'autre mobile sur rouleaux.

Ainsi que nous l'avons dit, le poids, par mètre courant, est de 7.423 kilogrammes dans les travées principales et de 5.415 kilogrammes dans les travées secondaires.

Comparaison entre les ponts hollandais et des ponts allemands.

Comme on peut le voir par ce qui précède, les ponts hollandais se rapprochent beaucoup, au point de vue du

diagramme des poutres, des types les plus usités en Allemagne; ils en diffèrent néanmoins, pour les ouvertures
moyennes et grandes, par le choix aujourd'hui général du premier ordre pour le système des tirants et verticales. Ce choix n'est pas économique, car il conduit
à l'emploi de longerons dont chaque paire constitue à elle
seule un véritable pont; mais, lorsqu'il s'agit de poutres
dont la hauteur atteint jusqu'à 16 et 20 mètres, il a le
grand avantage de réduire la surface exposée au vent
et de permettre de donner aux verticales une extrême
rigidité.

Au point de vue des détails de construction, les ponts
hollandais nous paraissent se rapprocher des ponts français plus que des ponts allemands; non seulement les
coefficients de travail des fers sont modérés, mais, dans
les ouvrages importants, les complications résultant d'une
obéissance excessive aux règles théoriques sont évitées
et l'économie de la matière est subordonnée à la simplicité
des assemblages; les goussets sont généralement sup-
primés; les plates-bandes des semelles ne sont jamais,
à notre connaissance, remplacées par un simple treillis;
les âmes des pièces de pont et des longerons sont en tôle
pleine; enfin, les contreventements sont, en général, très
robustes.

CHAPITRE III.

AUTRICHE.

Principes généraux de construction.

Une partie des ponts d'Autriche a été projetée par des
ingénieurs français; mais ces derniers sont, aujourd'hui,
à peu près entièrement remplacés par des ingénieurs in-
digènes, et les types appliqués depuis un certain nombre

d'années tendent de plus en plus à se rapprocher des ouvrages allemands. Ils paraissent toutefois, autant que nous pouvons en juger, généralement plus simples que ces derniers ; on verra, en outre, dans le résumé que nous donnons des conditions d'établissement des ponts de la ligne de l'Arlberg, des exemples de diagonales rigides substituées aux diagonales en fer plat dans le seul but de faciliter le montage.

Coefficients de résistance admis pour le travail des fers.

Les coefficients pour le travail des fers ne sont pas uniformes ; on adopte aujourd'hui, en général, un coefficient de 8 kilogrammes par millimètre carré pour les efforts de traction et de compression et 6 kilogrammes pour les efforts de cisaillement supportés par les rivets. Les distinctions admises aujourd'hui en Allemagne, suivant le sens des efforts, sont peu usitées en Autriche (*).

Description d'ouvrages de construction récente.

Types de la Société des chemins de fer de l'État (**). — Les types de la Société des chemins de fer de l'État sont simples et économiques ; ils jouissent, en Autriche, d'une réputation méritée. Nous donnons ci-dessous la description d'un pont de 20 mètres et d'un pont de 60 mètres qui nous paraissent dignes d'attention (***).

(*) Voir note D, p. 336.

(**) Il existe, en Autriche, une Société des chemins de fer de l'État, qui est une compagnie concessionnaire, et une administration des chemins de fer de l'État, qui est une administration publique exploitant directement les lignes rachetées.

(***) Nous devons la communication des dessins de ces ouvrages à l'obligeance de MM. de Serres, directeur, et Zaleski, inspecteur principal de la Société des chemins de fer de l'État.

Type de pont de 20 *mètres d'ouverture* (pl. 13). — Les dispositions du pont de 20 mètres d'ouverture, dont nous donnons les dessins, sont très simples ; elles se rapprochent beaucoup de celles qui sont habituellement adoptées dans les poutres à verticales et tirants de premier ordre construits en Hollande. Les semelles sont en forme de simple T composé.

La voie est posée sur traverses en bois reposant directement sur les longerons.

Le poids, par mètre courant, est de 1.600 kilogrammes.

Ponts de 60 *mètres d'ouverture, sur la Waag* (ligne de Trencsin à Sillein). — Il a été construit sur la ligne de Trencsin à Sillein, ouverte à l'exploitation en 1885, trois ponts sur la Waag dont les dispositions sont à peu près identiques ; les dessins que nous donnons (pl. 13 et 14) se rapportent à l'un de ces ouvrages.

La semelle supérieure des poutres principales est polygonale ; elle est horizontale dans les six panneaux du milieu et va en s'abaissant jusqu'au dernier panneau où elle se recourbe brusquement pour venir rejoindre perpendiculairement la semelle inférieure qui est horizontale. Les poutres sont à verticales et tirants du second ordre : elles ont 7^m,60 de hauteur maximum ; la largeur des panneaux est de 3^m,08. Les semelles sont formées de caissons ; les plates-bandes horizontales qui les composent ont 0^m,50 de largeur ; les âmes verticales ont 0^m,40 de hauteur. Les diagonales sont formées chacune de deux fers plats rivés sur les âmes des semelles ; les verticales sont formées de quatre cornières rivées également deux à deux sur les âmes des semelles et entretoisées par des fers plats en forme de treillis. Les pièces de pont et les longerons sont en forme de double T à âmes pleines.

Les extrémités de chaque poutre reposent sur un sommier en fonte dont la partie qui reçoit la charge est en forme de cylindre à grand rayon ; les mouvements sont peut-être un peu moins libres qu'avec les charnières ordinaires à petit rayon, mais l'assiette est meilleure ; ces appareils pourraient, à notre avis, être imités avantageusement.

Le contreventement supérieur est formé de poutres transversales à treillis placées au droit des verticales de deux en deux, et reliées par un fer à T longitudinal dans l'axe du pont et par des croix de St André en cornières.

Le poids, par mètre courant, est de 2.360 kilogrammes.

Ponts de la ligne de l'Arlberg (section d'Inspruck à Bludenz). — Les ponts de la ligne de l'Arlberg ont été construits par les ingénieurs de l'État autrichien ; ils sont, dans leurs dispositions, plus compliqués que les précédents.

Les ponts dont l'ouverture est supérieure à 15 mètres sont au nombre de dix-sept ; sur ce nombre, les deux plus grands, le viaduc de Trisana (portée 120 mètres) (*), et le viaduc de l'Oetz (portée 81 mètres) (**), sont formés de poutres à verticales et à tirants du deuxième ordre avec semelles supérieures paraboliques. La travée centrale du viaduc de l'Oetz comprend, en outre, deux petites travées de 19 mètres de portée qui sont à semelles parallèles avec diagonales et tirants du premier ordre ; c'est le seul ouvrage dans lequel il existe des poutres à semelles parallèles. Trois ponts, dont l'un, sur l'Inn, à 61^m,61 de portée (***), sont de la forme à ventre

---

(*) Voir pl. 15, fig. 1 et 2.
(**) Voir pl. 16, fig. 1 et 2.
(***) Voir pl. 16, fig. 3 et 4.

de poisson, c'est-à-dire que les poutres ont leur semelle supérieure droite et leur semelle inférieure courbe; les diagonales sont comprimées et, par suite, rigides; les autres ponts, au nombre de douze, dont la portée varie de 15^m,42 à 41^m,40, sont formés de poutres à verticales et tirants du premier ordre, avec semelle supérieure parabolique. Parmi ces derniers ceux, au nombre de cinq, dont la portée est inférieure à 20 mètres, ont leurs tirants rigides; dans les autres, les tirants sont formés de fers plats. Le tableau ci-dessous résume les conditions d'établissements de ces divers ouvrages ainsi que leur poids par mètre courant (*).

(*) Les éléments de ce tableau sont extraits, comme les planches qui se rapportent à la ligne de l'Arlberg, d'une notice publiée par M. Huss, qui a construit ces ouvrages dans le *Journal de l'Association des ingénieurs et architectes autrichiens* (1884, 3e cahier).

EMPLACEMENT des OUVRAGES	PORTÉE	ANGLES de biais	MODE de CONSTRUCTION	RAPPORT de la poutre au milieu de l'ouverture	POIDS par mètre (1)	Total
	mèt.				kilogr.	kilogr.
Passage d'Avalanches au k. 113.325.	15,42	60°	Semelle supérieure parabolique 1er ordre tirants rigides.	$\frac{1}{6,7}$	992	15.293
Ruisseau de Mason	15,42	60°			970	14.952
Torrent de Mühl.	15,42	90°			1.008	15.550
— Winkel	15,42	90°			1.035	15.960
— Glong	17,55	60°	Tirants rigides.	$\frac{1}{6,95}$	1.114	19.555
— Grubser . . .	17,75	65°	Poutres à ventre de poisson avec diagonales comprimées.	$\frac{1}{6,34}$	671 (2)	11.906 (2)
Ruisseau de Rosana . .	26,1	90°		$\frac{1}{6,2}$	1.279	33.376
Idem . . .	27,00	90°		$\frac{1}{6,8}$	1.266	34.439
Idem . . .	27,20	90°	Semelles supérieures paraboliques 1er ordre tirants en fer plat.	$\frac{1}{6,8}$	1.357	36.913
Torrent de Stelzis	27,20	90°		$\frac{1}{6,8}$	1.357	36.913
Ruisseau de Rosana . . .	37,60	48°,26′		$\frac{1}{5,96}$	1.776	66.766
Idem . . .	37,60	43°,22′		$\frac{1}{5,96}$	1.604	60.322
Ruisseau de Pitza	41,40	90°		$\frac{1}{6,9}$	1.603	66.361
Torrent de Schana.	41,40	90°		$\frac{1}{6,9}$	1.717	71.109
Rivière de l'Inn	61,60	90°	Poutres à ventre de poisson avec diagonales comprimées.	$\frac{1}{6,1}$	2.405	129 656
Vallon de l'Oetz	19,00	90°	Semelles parallèles 1er ordre	$\frac{1}{9,05}$	841	236.993
	81,80	90°	Semelles supérieures demi-paraboliques 2e ordre.	$\frac{1}{6,82}$	2.507	
	19,00	90°	Semelles parallèles 1er ordre	$\frac{1}{9,05}$	841	
Vallon de Trisana	120,00	90°	Semelle supérieure demi-parabolique 2e ordre.	$\frac{1}{7,74}$	3.878	465.312

(1) Compris tablier et parapets.
(2) Nous reproduisons ces chiffres tels qu'ils sont donnés dans le mémoire de M. Huss; ils paraissent erronés.

Le viaduc de Trisana a fait l'objet, en Autriche, de critiques assez nombreuses; on reproche surtout à ses auteurs le choix d'une poutre à tablier inférieur pour un ouvrage qui se trouve à 87 mètres au-dessus du fond de la vallée; il est certain qu'un pont en arc aurait été d'un meilleur effet, et il aurait probablement coûté moins cher.

Les poutres à ventre de poisson ont leurs semelles reliées par des verticales et des diagonales de premier ordre; les unes et les autres sont rigides. Dans le pont sur l'Inn, que nous avons visité et dont la portée est de 60 mètres, les montants et les diagonales sont composés de la même façon; ils sont formés chacun de deux fers à U composés rivés sur les âmes des semelles qui sont doubles, et reliés de distance en distance par des entretoises horizontales.

Dans la notice précitée, M. Louis Huss évalue à 16 p. 100 la réduction de poids que la forme à ventre de poisson permet de réaliser sur la forme à semelles parallèles; pour le pont sur l'Inn, cette réduction de poids correspondrait, d'après lui, à une économie de 10.000 francs.

CHAPITRE IV.

SUISSE.

Les ponts de la ligne du Saint-Gothard ont déjà été décrits dans la *Revue des Chemins de fer* (août 1883); les semelles des poutres des tabliers sont, sauf une seule exception, reliées par des panneaux à croix de St André et à treillis; il est utile de faire ressortir que, dans ces ouvrages, construits en Allemagne, les diagonales qui, d'après le calcul, doivent travailler à l'extension sont toutes formées de fers plats et ne sont pas rivées sur les diagonales dirigées en sens inverse qu'elles croisent. Il n'y a pas de montants verticaux dans les poutres à treillis; contrairement à ce qui se fait en général pour les poutres à grandes portées, les semelles ont la forme, non de caissons, mais de fers à T; l'âme de la semelle qui travaille à la compression est raidie, s'il y a lieu, par des cornières placées à sa partie inférieure.

Un seul ouvrage, dont la portée est de 56 mètres, est du système à verticales et à tirants du deuxième ordre, c'est-à-dire que les barres diagonales n'existent que dans le sens où le calcul indique la nécessité de leur présence; les semelles sont parallèles. D'après les renseignements qu'ont bien voulu nous donner les ingénieurs chargés de l'entretien, cet ouvrage est celui qui se comporte le moins bien, et on a déjà dû y changer un certain nombre de rivets; il faut l'attribuer, à notre avis, non au système qui a fait ses preuves dans des constructions bien plus importantes, mais au défaut de rigidité des montants verticaux; ceux-ci sont formés chacun de deux paires de cornières rivées de part et d'autre des semelles (*) et ne sont pas contreventées dans leur milieu.

CHAPITRE V

OBSERVATIONS GÉNÉRALES

Les renseignements que nous avons donnés plus haut, tant sur les coefficients de travail des fers que sur la constitution des diverses parties des ouvrages, montrent combien il est difficile d'établir une comparaison, au point de vue des poids par mètre courant, entre les ponts construits dans des pays différents. Le système employé quelquefois et qui consiste à admettre, dans cette com-

---

(*) En Allemagne et en Hollande, les verticales sont aussi formées de deux paires de cornières; mais, dans tous les ouvrages dont la portée est un peu forte, celles-ci sont séparées par la largeur des caissons et entretoisées par un treillis ou une âme pleine.

paraison, la proportionnalité des poids au coefficient du travail des fers ne peut donner qu'une idée très inexacte du mérite des différents types au point de vue de la légèreté. Non seulement, en effet, même dans les ouvrages où la recherche de l'économie de la matière est poussée le plus loin, toutes les parties de chaque pièce ne peuvent travailler à l'effort-limite, mais, dans beaucoup d'ouvrages, le coefficient n'est pas le même dans les différentes parties ; enfin, dans le même type, les poids peuvent différer très notablement, selon que l'on s'attache à la simplicité des assemblages ou à la réalisation d'idées théoriques, et selon le degré de hardiesse des pièces accessoires. Ce que l'on peut, à notre avis, conclure de la comparaison des différents types d'ouvrages construits en France et à l'étranger depuis une quinzaine d'années, c'est que, appliqués dans les mêmes conditions, ils conduiraient à l'emploi de quantités de matières peu différentes. Il convient, toutefois, de faire une exception, en ce qui concerne les travées indépendantes, pour les poutres à semelle supérieure polygonale ; lorsqu'il s'agit de grandes portées, elles permettent de réaliser une sérieuse économie dans les poids en réduisant la longueur des barres de treillis ou des diagonales et des tirants dans la partie où ces pièces subissent les efforts les plus considérables. Elles ne sont, d'ailleurs, à notre avis, pas plus disgracieuses que les poutres droites lorsque la portée est assez grande pour que les angles formés par les éléments successifs du polygone ne soient pas apparents à l'œil, et la complication qu'entraîne la courbure d'une partie des pièces est alors réduite à très peu de chose.

Au point de vue de la répartition de la matière, les exemples très nombreux de ponts à verticales et à tirants et la faveur dont ils jouissent depuis plus de vingt ans en Allemagne et en Hollande, nous paraissent mon-

trer, d'une manière incontestable, qu'on peut établir une
liaison parfaite entre les semelles sans ajouter d'éléments qui n'entrent pas dans les calculs et sans donner
une forme rigide à toutes les pièces indistinctement. En
voyant les longs fers plats qui caractérisent les ouvrages
que nous venons de citer, on est porté à croire qu'ils
subissent, au passage des trains, des vibrations funestes
à leur conservation; cette crainte n'est pas fondée. S'il
existe en Hollande des prescriptions limitant la vitesse
des trains sur les ponts métalliques, sans distinction
d'ailleurs du type auquel ils appartiennent, une pareille
réglementation n'a été jugée nécessaire ni en Allemagne
ni en Autriche; nous avons pu constater, notamment sur
les ponts à travées de 60 mètres d'ouverture de la ligne
de Trencsin à Sillein, des vitesses de 60 kilomètres à
l'heure qui ne paraissent nullement fatiguer ces ouvrages, et, en observant de l'angle d'une des culées du
viaduc de Trisana (ligne de l'Arlberg), le passage d'un
train sur le tablier, nous n'avons constaté aucune vibra-
tion inquiétante. Cette observation est d'ailleurs confirmée
par les résultats de l'enquête faite en 1883, dans l'association des chemins de fer allemands (Verein), qui comprend presque toutes les administrations de chemins de
fer de l'Europe centrale; il résulte des renseignements
recueillis dans cette enquête que, sauf dans quelques
types défectueux et aujourd'hui abandonnés (notamment
le type Pauli), l'entretien consiste à peu près exclusivement dans le renouvellement de la peinture, et que les
changements de rivets constituent une exception. Aucune
des dépositions faites à ce sujet n'établit d'ailleurs de
distinction, au point de vue de l'entretien entre les poutres à treillis, les poutres à verticales et à tirants et les
poutres pleines (*).

(*) Voir note C, p. 336.

On peut remarquer également que les dispositions adoptées pour réduire le poids du métal employé à son minimum entraînent le plus souvent une complication qui n'est pas en rapport avec l'économie réalisée; c'est ce qui ressort, selon nous, de la comparaison des poutres Schwedler avec les poutres à semelles parallèles pour les portées moyennes qui ne sont guère dépassées avec ce système.

Enfin nous signalerons la tendance actuelle à poser la voie soit directement sur les longerons, soit sur des traverses en fer fixées à ceux-ci (*).

Nous n'avons pas l'intention d'établir, entre les types de ponts que nous avons décrits et ceux qui sont usités en France, une comparaison complète qui serait au moins inutile; s'il y a certainement des renseignements intéressants à tirer de l'étude des premiers, ils ne présentent, à notre avis, vis-à-vis des seconds, ni une supériorité ni une infériorité marquée; nous croyons toutefois qu'il convient d'appeler l'attention des ingénieurs sur les avantages que pourraient présenter, notamment pour les ponts-routes à établir dans des conditions économiques, la réduction du nombre des pièces et la simplicité des éléments que comporte le type à tirants et à verticales et la rigidité dont il est susceptible, même avec des poutres très élevées.

Tours, le 1ᵉʳ mai 1886.

(*) Si on rapproche ce fait des excellents résultats donnés par les chaussées pavées posées sur béton de ciment (Voir *Annales*, III, 1885); on reconnaîtra qu'ils sont de nature à modifier singulièrement les idées qui ont régné pendant longtemps sur la nécessité d'avoir des voies et des chaussées élastiques.

NOTE A

SUR LE RENVERSEMENT DES EFFORTS DANS LES POUTRES
A VERTICALES ET A DIAGONALES.

Dans une poutre dont les semelles sont reliées entre elles par des verticales et des diagonales, les efforts supportés par les verticales changent de sens au point où l'effort supporté par les semelles passe par un maximum ; au même point, l'effort change également de sens dans la diagonale s'il n'en existe qu'une dans le panneau considéré, ou passe d'une des diagonales à celle qui est dirigée en sens contraire, si elles sont croisées. Il est facile de s'en rendre compte de la manière suivante :

Considérons un élément de poutre AA', BB', CC' et cherchons

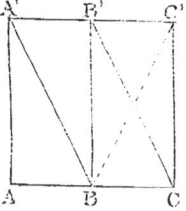

les conditions de l'équilibre au nœud B. Il est facile d'abord de voir qu'il ne peut exister que si les efforts suivant A'B et B'B sont de sens contraire, car, si ces efforts étaient de même sens, leur résultante ou son prolongement passerait dans l'angle A'BB' et ne pourrait faire équilibre à la résultante des forces dirigées suivant BA et BC. D'un autre côté si la tension de la semelle inférieure entre A et B est plus faible que la tension entre B et C, la résultante de ces deux forces sera dirigée de B en C ; la résultante des forces suivant A'B et BB' devra être dirigée en sens contraire pour lui faire équilibre, et, si l'on fait abstraction des forces extérieures appliquées en B, la verticale BB' supportera un effort de compression et la diagonale A'B un effort de traction. Si, au contraire, la tension entre A et B est plus forte que la tension entre B et C, A'B' sera comprimé, tandis que BB' sera tendu. Le renversement des efforts dans la verticale et la diagonale se produit donc au point où l'effort supporté par la semelle passe par un maximum.

Dans un pont qui supporte, outre la charge morte, des surcharges mobiles, le point où l'effort supporté par les semelles est maximum varie suivant la position de cette surcharge ; il en résulte que, s'il n'existe de diagonales que dans un seul sens, une partie au moins des verticales et des diagonales peut être soumise alternativement à des efforts de sens contraires. Les constructeurs allemands n'admettent pas habituellement ce renversement des efforts dans une même pièce; ils l'évitent en doublant les diagonales. Si on ajoute, en effet, dans la figure qui a servi précédemment à notre démonstration, la diagonale BC′, il est facile de voir que la résultante d'un effort de traction exercée dans celle-ci et d'un effort de compression dans BB′ sera la même que celle d'un effort de compression dans AB′ et d'un effort de traction dans BB′. Les diagonales étant d'ailleurs, dans les poutres ainsi composées, toujours formées de fer plats, les efforts se répartissent bien réellement suivant les indications qui précèdent.

Le renversement des efforts se produit dans le nœud B′ en même temps que dans le nœud B, car le maximum de l'effort dans les deux semelles correspond à la même section verticale. On peut observer que, d'après les raisonnements qui précèdent, les efforts suivant la diagonale et la verticale de chaque nœud devant toujours être dirigés en sens contraire et le travail dans l'une de ces barres étant nul lorsqu'il l'est dans l'autre, il en résulterait que le renversement des efforts est impossible ; cette anomalie n'est apparente parce qu'il faut tenir compte de la charge propre appliquée au droit de chaque nœud et qui, lorsque l'effort dans les barres devient très faible, suffit à produire le changement de signe de la résultante.

Dans les poutres Schwedler, la forme de la semelle supérieure est calculée de telle façon que l'effort tranchant se trouve passer par un minimum dans chaque section pour la position de la surcharge qui correspondrait au renversement des efforts dans cette section ; le travail dans la diagonale correspondante est nul à ce moment et correspond à une traction pour toutes les autres positions de la surcharge. La courbe obtenue d'après cette donnée est formée de deux axes d'hyperbole dont les axes réels sont verticaux et placés symétriquement de part et d'autre de l'axe de la poutre ; pour éviter l'angle rentrant formé par leurs intersections, on remplace les deux éléments d'hyperboles voisins par une droite horizontale tangente aux sommets de ces deux courbes; c'est cette substitution qui oblige à croiser les verticales dans les panneaux du milieu.

NOTE B

DE L'USAGE DE L'ACIER DANS LES PONTS.

Des tentatives ont été faites en Hollande, depuis longtemps, pour substituer, au moins partiellement, l'acier au fer dans les grands ponts métalliques. Dans le pont sur le Leck, à Kuilenbourg, les pièces de pont et les longerons sont en acier laminé(*): ce métal entre dans l'ensemble de l'ouvrage pour 450.000 kilogrammes, soit environ 1/12ᵉ du poids du tablier. Au pont de Bommel, sur le Wahal, on a employé 98.000 kilogrammes d'acier laminé qui représentent environ 1/38ᵉ du poids du tablier. Au pont de Crèvecœur, sur la Meuse, l'acier laminé a été employé seulement dans la travée de 100 mètres, et le poids de ce métal n'est entré dans l'ouvrage que pour 34.785 kilogrammes. Le pont Mördyck renferme 465.495 kilogrammes d'acier sur un poids total de 6.113.857 kilogrammes. Dans le pont sur la Vieille-Meuse, à Dordrecht, l'acier laminé entre pour 293.134 kilogrammes, soit 1/12 environ du poids du tablier. Dans le pont de Rotterdam, sur la Nouvelle-Meuse, il entre pour 292.000 kilogrammes, soit environ 1/12 du poids total. Dans le pont de Feyenoard, sur le Kœnigshafen, il entre pour 239.000 kilogrammes, soit plus de 1/5 du poids du tablier. Le pont de Arnheim, sur le Rhin, n'en renferme que 41.000 kilogrammes, le pont sur le Wahal, près Nimègue, en renferme 240.000 kilogrammes, soit environ 1/20 du poids du tablier. Il n'en a pas été employé dans les ouvrages plus récents : cette exclusion a eu pour cause des expériences qui ont fait un certain bruit en Allemagne et dont il est intéressant de faire connaître les résultats.

L'administration des chemins de fer de l'État hollandais, voulant se rendre compte de la résistance des ponts en acier rivé, a fait faire des essais spéciaux en 1876 et 1877 par la Société de construction de Duisbourg (précédemment usine Hartkort), qui possédait des appareils appropriés à cet usage. Les essais ont porté sur des poutres composées formées de tôles et cornières

---

(*) Voir l'ouvrage de M. Croizette-Desnoyers sur *les Travaux publics en Hollande*, p. 168.

laminées dont la longueur variait de 5^m,80 à 7^m,60. On a comparé quatre qualités différentes d'acier et une qualité de fer puddlé.

Les résultats des essais ont montré que, loin de présenter une résistance plus grande que les poutres en fer puddlé, les poutres en acier laminé périssaient, au contraire, sous une charge moindre que celle qui entraîne la destruction de ces derniers.

En Hollande et en Allemagne, les constructeurs paraissent avoir renoncé à l'idée de construire des ponts en acier depuis les expériences de Duisbourg (*); toutefois, un des ponts du métropolitain de Berlin a été construit en acier laminé dans le courant de 1880. Cet ouvrage, établi sur la petite rue du Président, est biais à 75°,34 et à 18°,50 de la largeur normale et 19^m,1 de portée réelle. L'emploi de l'acier doux a été fait à titre d'essai et on a conservé les dimensions calculées en vue de l'emploi du fer; le prix a été de 13,3 p. 100 plus élevé que le prix le plus bas offert pour la construction en fer. Jusqu'ici ce pont se comporte bien.

Il existe en Autriche, près de la gare de Budapesth, un passage supérieur pour route en acier : il se comporte bien jusqu'ici.

Remarquons que ce n'est pas par l'observation de la manière dont se comportent les ponts en acier que l'on peut être éclairé sur le degré de sécurité qu'ils offrent; la crainte qu'ils inspirent étant celle d'une rupture brusque, sous des efforts fort inférieurs à ceux que peuvent supporter les pièces isolées du même métal, mais néanmoins encore élevés, on ne doit pas s'attendre à les voir subir des déformations sous les charges qu'ils ont à supporter dans des conditions normales.

Le bas prix actuel de l'acier a conduit récemment à l'emploi de ce métal, en Angleterre, au pont du Forth, et en France, notamment, au pont sur la Seine en construction à Rouen. Il serait intéressant que des expériences analogues à celles qui ont été faites à Duisbourg fussent entreprises; elles montreraient le degré de sécurité que peuvent donner les progrès réalisés pen-

(*) Dans le projet du pont de Bullay (p. 304) on avait d'abord prévu en acier les pièces dont l'emploi de ce métal pouvait permettre de réduire notablement la section; on avait admis que la résistance des pièces en acier pouvait être de 58 à 60 p. 100 supérieure à celle des pièces en fer, et l'on pensait réaliser ainsi une économie de 10 p. 100 environ. Le résultat des expériences de Duisbourg a fait préférer pour l'exécution l'emploi exclusif du fer.

dant ces dernières années dans la fabrication et surtout dans l'emploi de l'acier (*).

NOTE C

Il nous paraît intéressant de citer l'extrait ci-dessous des dépositions faites dans l'enquête déjà citée en Verein allemand, au sujet des ponts métalliques :

« Sur le chemin de fer de Berlin à Hambourg le pont métallique à treillis avec mailles très-étroites établi pour une seule voie en 1846 sur le Havel près Spandau (quatre travées de 14 mètres d'ouverture et deux travées de ponts tournants de 9^m,40 d'ouverture et 6^m,30 de largeur) a été démoli en 1883 pour être remplacé par une construction en fer à double voie. Avec diverses parties du pont démoli on a fait des essais de courbure, de rupture et de traction. Les essais ont montré partout une texture fibreuse et une grande ténacité du métal, à tel point que l'emploi des matériaux provenant de la démolition était tout indiqué dans la construction neuve. Rien, dans les tabliers démontés ni dans les matériaux qui les composaient ne donnait lieu de croire que leur résistance fût amoindrie par un emploi de trente-sept ans ».

Le fait mentionné est certainement de nature à rassurer au point de vue de la durée des ponts métalliques établis dans de bonnes conditions.

NOTE D

L'extrait ci-dessous des résultats de l'enquête faite en 1883 dans l'administration des chemins de fer allemands, fournit des renseignements intéressants sur les coefficients admis pour le travail des fers par les diverses administrations.

La question posée était celle-ci :

« *Dans le calcul des ponts métalliques pour lignes secondaires, la diminution de la vitesse de marche des trains est-elle*

(*) Voir l'étude de M. Considère, sur l'emploi du fer et de l'acier, récemment paru dans les *Annales des ponts et chaussées*, sur la manière dont se comporte l'acier, notamment au point de vue de la rivure.

considérée comme justifiant une réduction du coefficient de sécu-
rité et par suite une augmentation du travail des fers, et, dans
le cas où il en est ainsi, qu'elles sont les règles admises? »

Nous donnons seulement les réponses des administrations qui
ont donné des chiffres précis (*) à l'appui de leurs avis.

ALLEMAGNE

Direction de Berlin (Chemins de fer de l'État prussien). —
Sur les lignes secondaires, les parties des ponts métalliques
exposées aux ébranlements (poutres sous-rails, longerons, poutrelles), sont calculées avec un coefficient de $7^k,50$ par millimètre au lieu du coefficient de 7 kilogrammes admis pour les
ponts des lignes principales ; les parties qui ne sont qu'indirec-
tement exposées aux ébranlements (poutres principales, etc.)
sont calculées avec un coefficient de 8 kilogrammes au lieu du
coefficient de $7^k,50$ admis pour les lignes principales.

Ligne du Brunswick. — Sur les lignes principales les ponts
en fer de petite ou de moyenne dimension, sont calculés avec
un coefficient de $5^k,30$ par millimètre carré, tandis que sur les
lignes secondaires les ponts en tôle de moins de 17 mètres d'ouverture sont calculés avec un coefficient de 7 kilogrammes.

Direction d'Elberfeld (chemins de fer de l'État prussien). —
On considère comme rationnel d'élever, sur les ponts construits
sur des lignes secondaires, le travail des fers pour les poutres
principales de $8^h,50$ à 9 kilogrammes par millimètre carré et
pour les poutres intermédiaires de $7^k,50$ à 8 kilogrammes par
millimètre carré.

Chemins de fer de l'État saxon. — Pour les lignes à voie
normale d'importance secondaire, on a tenu compte de la diminution de la vitesse de marche en admettant un travail de $9^k,50$
par millimètre carré au lieu de $6^k,50$ pour les lignes principales.

Généralement les constructions métalliques ont été calculées
suivant la formule Wöhler-Weyrauch en admettant :

$$A = 800 \left(1 \pm \frac{1}{2} \frac{min.}{max.} \right).$$

(*) Une partie des administrations citées n'existe plus, par suite des nombreux rachats de lignes qui ont eu lieu, depuis 1883, en Allemagne et en Autriche.

AUTRICHE

Chemin de fer du Nord de l'Empereur Ferdinand. — Dans tous les ponts de chemins de fer, même ceux des lignes secondaires, toutes les parties ont été construites suivant les bases prescrites par le Ministre du commerce, soit avec un coefficient de 8 kilogrammes par millimètre carré.

Chemins de fer de l'Empereur François-Joseph. — Sur les quelques sections de lignes secondaires en exploitation, la vitesse n'est pas exclue, aussi n'a-t-on pas cru devoir augmenter le travail normal des fers (8 kilogrammes par millimètre carré) dans le calcul des passages métalliques construits sur ces sections.

Chemins de fer du Nord-Ouest. — Dans le calcul des ouvrages des lignes secondaires on porte le travail des fers de 8 kilogrammes par millimètre carré, chiffre admis pour les lignes principales à 9 kilogrammes, et le travail des rivets au cisaillement de 6 à 7 kilogrammes.

Compagnie des chemins de fer de l'État Austro-Hongrois. — Comme la précédente.

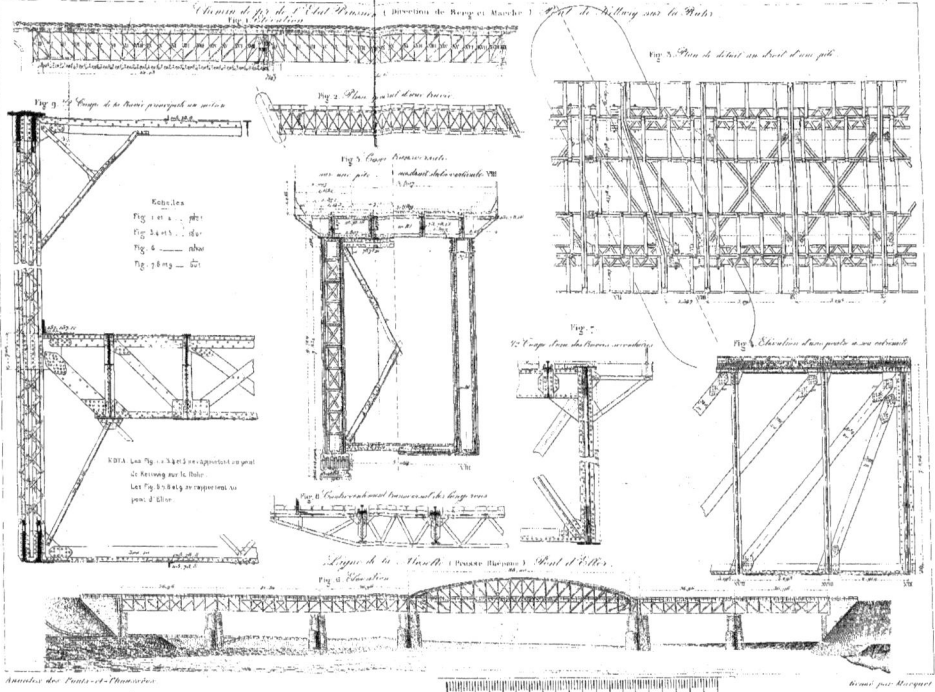

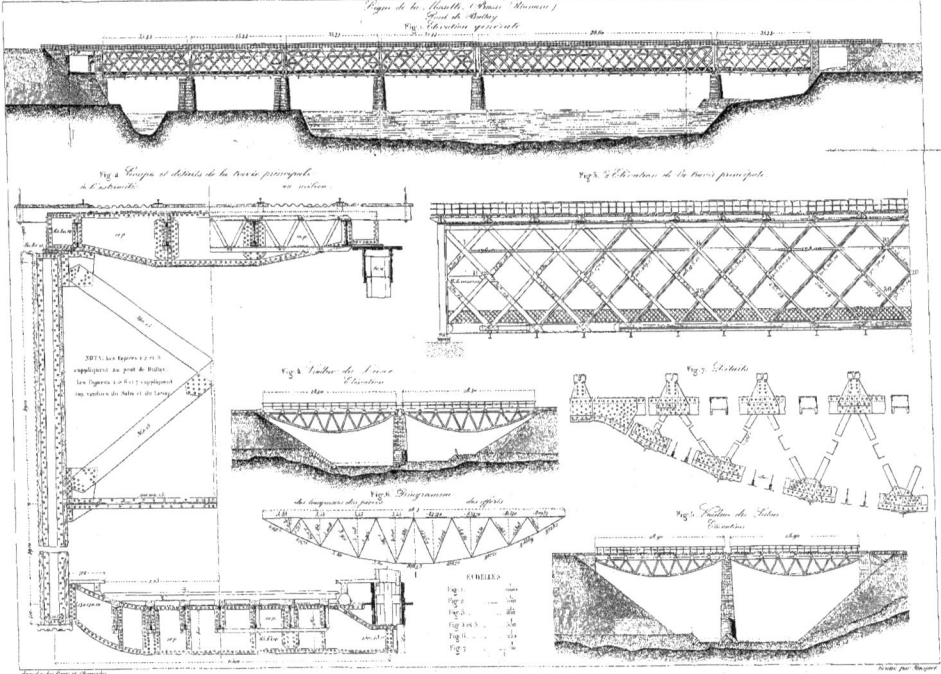

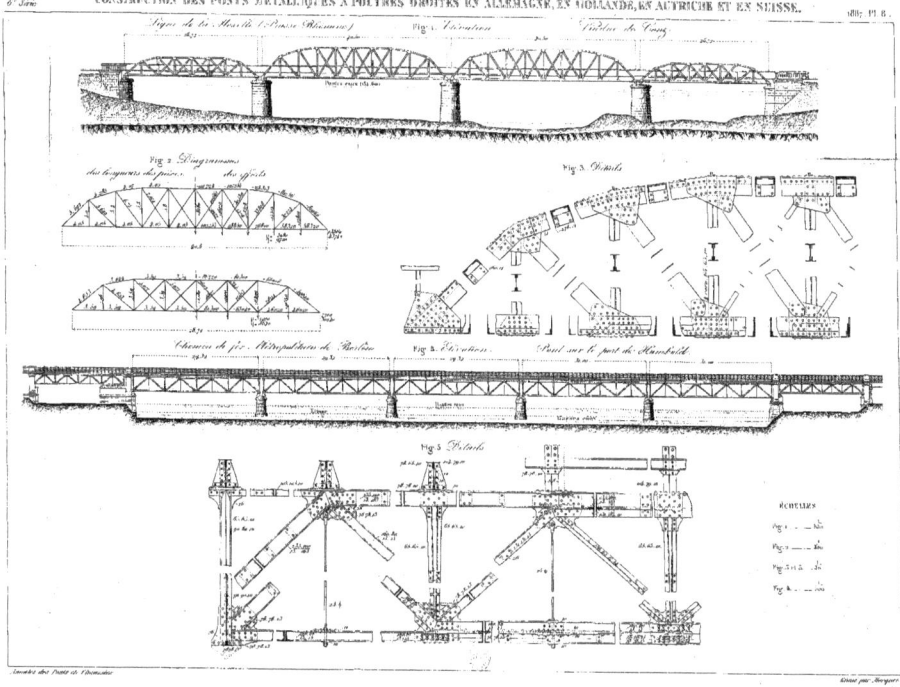

Ligne de Landshut à Neumarkt (Bavière); Pont sur l'Isaar près de Landshut

Fig. 1. — Ensemble d'une poutre de 38m00 de portée

Note : le signe × indique la position des charnières

Chemin de fer de l'État Néerlandais; Ligne de Breda-Nimègue à Venloo;
Pont sur la Meuse à Venloo

Fig. 3. — Tablier construit en 1865. — Élévation

Fig. 4. — Tablier construit en 1883. — Élévation

Fig. 5. — Plan

Fig. 6. — Travée de 53m50
Coupe transversale

Fig. 7. — Plan général

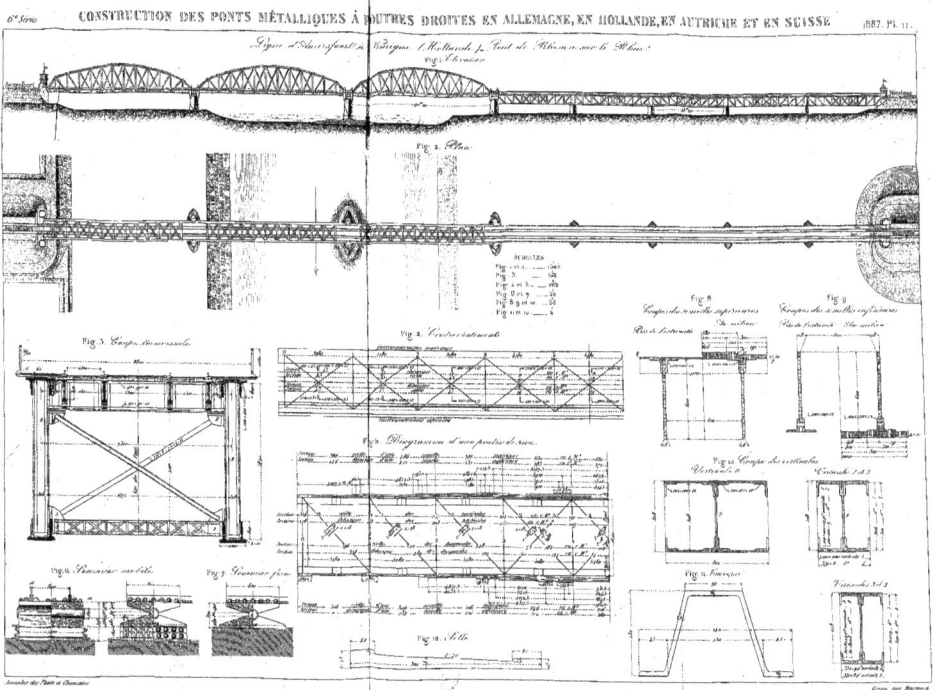

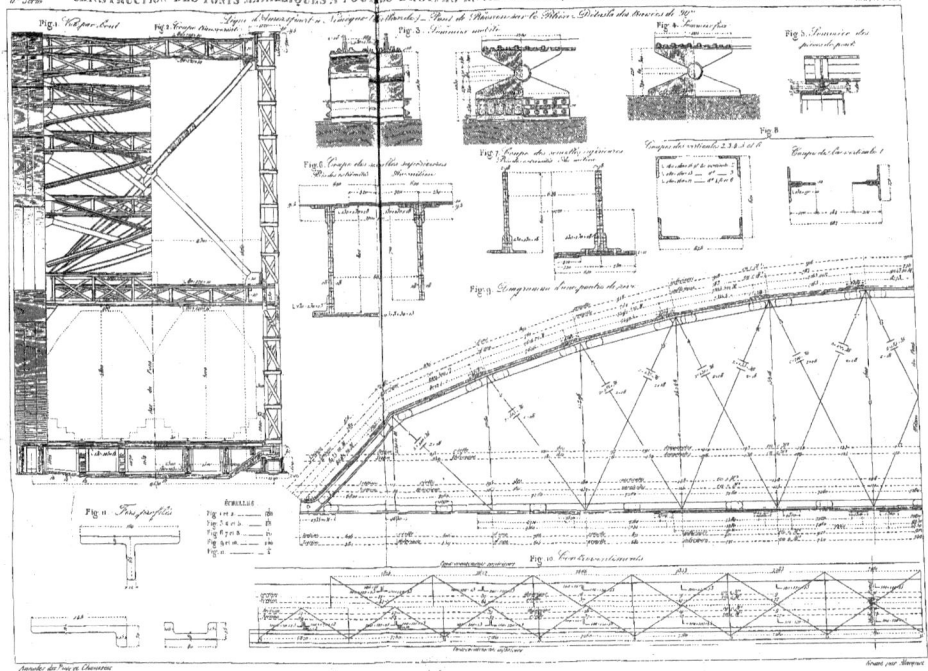

Fig. 1. Vue par bout

Fig. 2. Coupe transversale

Ligne d'enracinement a. Technique (Hollande). — Pont de Rheineck sur le Rhin. Détails des travées de 50m.

Fig. 3. Sommier mobile

Fig. 4. Sommier fixe

Fig. 5. Sommier des poutres du pont

Fig. 6. Coupe des semelles supérieures

Fig. 7. Coupe des semelles supérieures

Fig. 8.

Coupes verticales 2, 3, 4, 5 et 6

Coupe de la verticale 1

Fig. 9. Diagramme d'une poutre de 50m

Fig. 10. Vue d'ensemble

Fig. 11. Fers profilés

ÉCHELLE

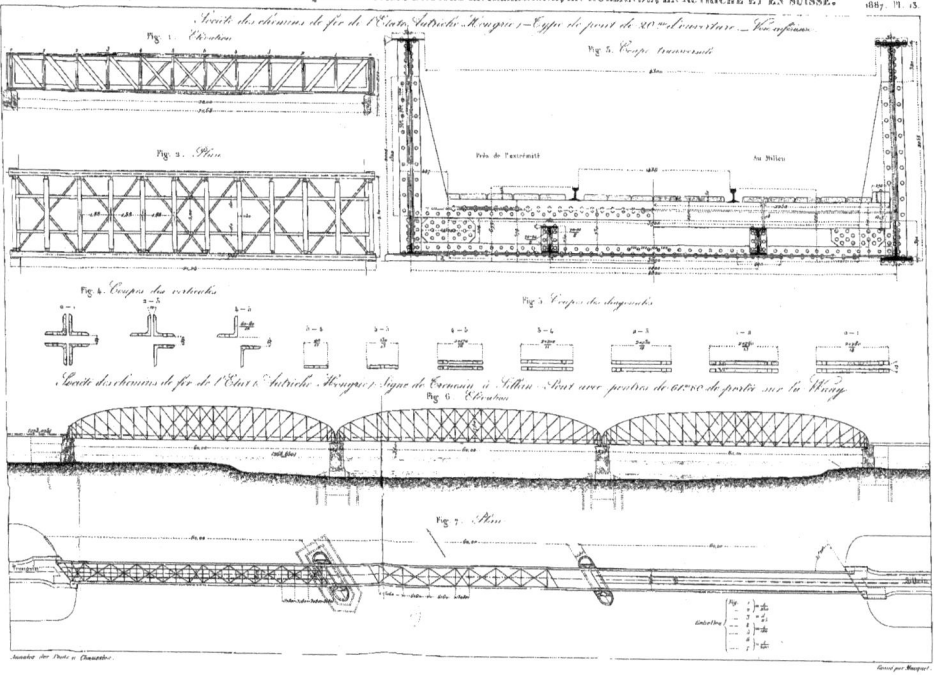

Fig. 1. Élévation

Fig. 2. Plan

Contreventement supérieur

Contreventement inférieur

Fig. 3. Coupe transversale

Fig. 4. Sommier mobile

Fig. 5. Sommier fixe

Fig. 6. Distribution de tôles des lisières supérieures et inférieures

Fig. 7. Coupes des diagonales

Fig. 8. Coupes des verticales

ÉCHELLES

Fig. 1 et 2 ....
Fig. 3 ....
Fig. 4 et 5 ......

Annales des Ponts et Chaussées.

Gravé par Macquet.

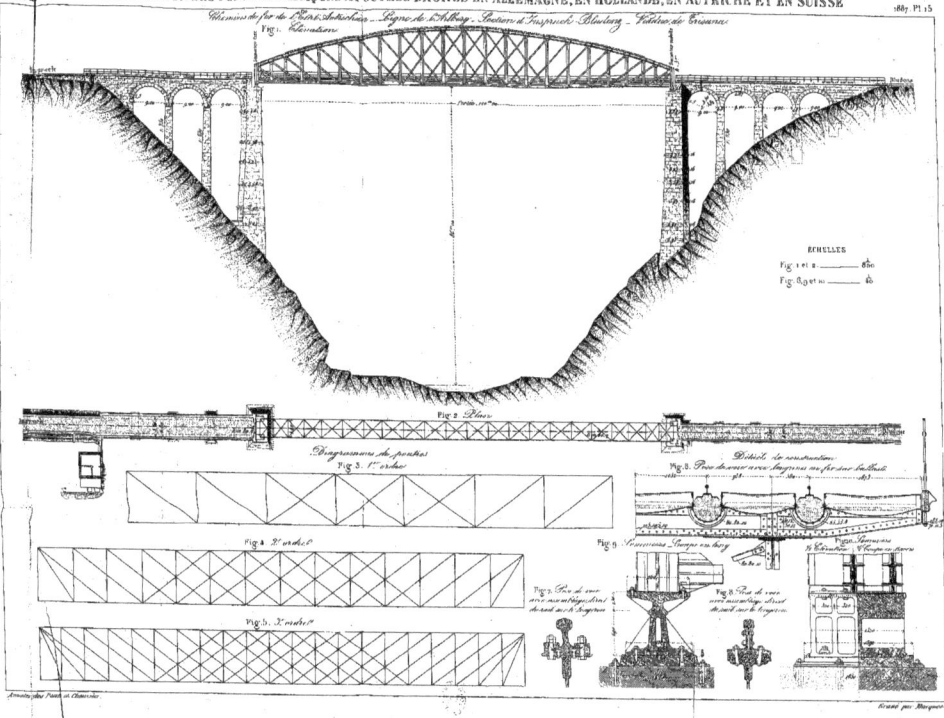